作って覚える！
ZBrush
フィギュア
制作入門

ウチヤマ リュウタ 著

【本書のダウンロードデータと書籍情報について】

本書に付属のダウンロードデータは、ボーンデジタルのウェブサイト（下記URL）の本書の書籍ページまたは書籍サポートページからダウンロードいただけます。ダウンロードデータの解凍方法および使用方法につきましては、前書きxiiページの「付属のダウンロードデータについて」をご参照ください。

　　　　http://www.borndigital.co.jp/book/

また本書のウェブページでは、発売日以降に判明した誤植（正誤）情報やその他の更新情報を掲載しています。本書に関するお問い合わせの際は、一度当ページをご確認ください。

■ ダウンロードデータご使用上の注意

本書に付属のデータはすべて、データファイル制作者が著作権を有します。当データは本書の演習目的以外の用途で使用することはできません。著作権者の了解無しに、有償無償に関わらず、原則として各データを第三者に配布することもできません。また、当データを使用することによって生じた偶発的または間接的な損害について、出版社ならびにデータファイル制作者は、いかなる責任も負うものではありません。

■ 著作権に関するご注意

本書は著作権上の保護を受けています。論評目的の抜粋や引用を除いて、著作権者および出版社の承諾なしに複写することはできません。本書やその一部の複写作成は個人使用目的以外のいかなる理由であれ、著作権法違反になります。

■ 責任と保証の制限

本書の著者、編集者および出版社は、本書を作成するにあたり最大限の努力をしました。但し、本書の内容に関して明示、非明示に関わらず、いかなる保証も致しません。本書の内容、それによって得られた成果の利用に関して、または、その結果として生じた偶発的、間接的損傷に関して一切の責任を負いません。

■ 商標

本書に記載されている製品名、会社名は、それぞれ各社の商標または登録商標です。本書では、商標を所有する会社や組織の一覧を明示すること、または商標名を記載するたびに商標記号を挿入することは行っていません。本書は、商標名を編集上の目的だけで使用しています。商標所有者の利益は厳守されており、商標の権利を侵害する意図は全くありません。

目次 Contents

はじめに i

Chapter 1 操作画面と初期設定 ... 1

0-1 ユーザーインターフェース ... 2
- 1-1-1 ホームページウィンドウを閉じる ... 2
- 1-1-2 ライトボックスを閉じる ... 2
- 1-1-3 UIの説明 ... 3
- 1-1-4 パレット、トレイの操作 ... 4

1-2 環境設定 ... 6
- 1-2-1 右クリックの設定 ... 6
- 1-2-2 サブパレットの展開設定 ... 7
- 1-2-3 環境設定の保存 ... 7

Chapter 2 基本操作 ... 9

2-1 プロジェクトを開く ... 10
- 2-1-1 ライトボックスからプロジェクトを開く ... 10

2-2 スカルプト ... 11
- 2-2-1 スカルプト／スカルプトの反転 ... 11
- 2-2-2 Smoothブラシ ... 11

2-3 視点（カメラ）の操作 ... 12
- 2-3-1 回転 ... 12
- 2-3-2 移動 ... 12
- 2-3-3 ズームイン／ズームアウト ... 13
- 2-3-4 傾ける ... 13
- 2-3-5 カメラのリセット ... 14

2-4 よく使う操作 ... 15
- 2-4-1 アンドゥ／リドゥ ... 15
- 2-4-2 左右対称にスカルプトする ... 16
- 2-4-3 形状を左右対称にする ... 17
- 2-4-4 形状を左右反転する ... 17
- 2-4-5 ワイヤーフレーム表示 ... 18
- 2-4-6 プロジェクトの保存 ... 18
- 2-4-7 プロジェクトを開く ... 19

2-5 ブラシのパラメーター ... 21
- 2-5-1 ブラシサイズの変更 ... 21
- 2-5-2 Z強度、焦点移動 ... 21

2-6 ブラシの変更 ... 23
- 2-6-1 ブラシリスト ... 23
- 2-6-2 Standardブラシ ... 24

2-6-3	Clay ／ ClayBuildup ブラシ	24
2-6-4	Move ブラシ	26
2-6-5	TrimDynamic ブラシ	27

2-7　間違えやすい操作と解決方法　28

2-7-1	メッシュの色が変わってしまった	28
2-7-2	メッシュに全く触れなくなった	29
2-7-3	ドキュメントが突然単色になり操作が何もできなくなった	29
2-7-4	画面にメッシュが固定されてしまった／ひたすらメッシュが配置されてしまう	30

Chapter 3　顔の制作　31

3-1　制作の前に　32

3-1-1	マテリアルの変更	32
3-1-2	カラーの変更	33
3-1-3	グリッドの表示	34
3-1-4	パースの設定	34

3-2　顔のベースモデル制作　37

3-2-1	ベースモデルの作成：顎	37
3-2-2	ベースモデルの作成：口のライン	38
3-2-3	ベースモデルの作成：鼻	39
3-2-4	ダイナメッシュの更新	39
3-2-5	ベースモデルの作成：鼻先	40
3-2-6	影の表示設定	41
3-2-7	ベースモデルの作成：顎の先端	41
3-2-8	ベースモデルの作成：顎・エラのライン	42
3-2-9	ベースモデルの作成：調整	44
3-2-10	ベースモデルの作成：頬	45
3-2-11	ベースモデルの作成：フェイスライン	46
3-2-12	ベースモデルの作成：耳	47
3-2-13	マスクの反転	47
3-2-14	ダイナメッシュの解像度	49
3-2-15	マスクを使ったモデリング・位置調整	50

3-3　顔のペイント　52

3-3-1	ポリペイントの表示	52
3-3-2	ポリペイントの塗りつぶし	53
3-3-3	ポリペイントで目を描く	53
3-3-4	ペイント後に形状を確認	54

3-4　ペイントの転写　55

3-4-1	タイムラインの表示	55
3-4-2	視点の位置を記録	56
3-4-3	フラット表示	56
3-4-4	ドキュメントの画像保存	57
3-4-5	転写用に画像を読み込む	58
3-4-6	転写する画像を調整する	59

3-4-7	ポリペイントを転写する	60
3-4-8	ポリペイントを見ながら形状を修正する	61
3-4-9	Smoothブラシでポリペイントが滲まないようにする	61

3-5 髪の毛のラフモデル作成　63

3-5-1	サブツールの追加	63
3-5-2	モードの切り替え	64
3-5-3	ギズモ3Dを使った移動・スケール・回転	64
3-5-4	パースの視野角設定	66
3-5-5	SnakeHookブラシを使ったラフモデルの作成	67

3-6 目の作成　70

3-6-1	ポリグループ化（マスク）	70
3-6-2	ポリグループの境界を滑らかにする	70
3-6-3	ポリグループを使ってマスクを作成する	71
3-6-4	目の曲面を作成する	72

3-7 顔の仕上げ　75

3-7-1	サブツールの複製	76
3-7-2	Zリメッシュを使ったローポリ変換	76
3-7-3	ポリグループの境界をクリースエッジ化	77
3-7-4	サブディビジョンレベルの追加	77
3-7-5	形状の投影	78
3-7-6	鼻先、顎先を調整する	80
3-7-7	耳の内側・外側を作成する	80
3-7-8	唇を彫る	81
3-7-9	シャープな溝を作成する	82
3-7-10	バランスを調整する	82
3-7-11	ポリペイントを描き込む	83

Chapter 4 体の制作　87

4-1 骨組みの作成　88

4-1-1	ZSphereを新規作成	88
4-1-2	ソロモード／透明モードへの切り替え	88
4-1-3	ZSphereの移動	89
4-1-4	ZSphereの追加	89
4-1-5	骨組みの作成：胴体	90
4-1-6	骨組みの作成：尻〜股関節	91
4-1-7	骨組みの作成：脚の付け根	91
4-1-8	骨組みの作成：脚	92
4-1-9	ZSphereのスケール	92
4-1-10	骨組みの作成：腕、首	93
4-1-11	骨組みのバランスを調整する	94
4-1-12	ZSphereのプレビュー	94
4-1-13	ZSphereの挿入	95
4-1-14	体の凹凸のラインの作成	96

4-2 素体のラフモデルの作成 … 97
- 4-2-1 ZSphereをポリゴンに変換 … 97
- 4-2-2 変換されたポリゴンをサブツールに追加 … 98
- 4-2-3 ZModelerを使って素体モデルの調整 … 100
- 4-2-4 ZModeler：エッジの削除 … 100
- 4-2-5 ZModeler：エッジの挿入 … 102
- 4-2-6 ZModeler：エッジのスライド … 103
- 4-2-7 ダイナミックサブディビジョン … 103
- 4-2-8 大まかなボディラインの作成 … 104

4-3 素体の作成 … 107
- 4-3-1 ダイナミックサブディビジョンを変換 … 107
- 4-3-2 サブディビジョンレベルを使って形状を作成 … 108
- 4-3-3 骨格、筋肉の作成 … 109

4-4 手の作成 … 113
- 4-4-1 ギズモ3D：形状変換 … 113
- 4-4-2 手の作成：甲 … 115
- 4-4-3 ZModeler：エッジの挿入（均等分割） … 115
- 4-4-4 ZModeler：押し出し（ポリゴン） … 116
- 4-4-5 手の作成：指 … 116
- 4-4-6 ZModeler：トランスポーズ（ポリゴン） … 117
- 4-4-7 手の作成：親指 … 118
- 4-4-8 手、指の大まかなラインの作成 … 120
- 4-4-9 ギズモ3Dの位置のリセット … 121
- 4-4-10 ギズモ3Dの方位のリセット … 122
- 4-4-11 手の作成：位置・サイズ合わせ … 122
- 4-4-12 サブツールのミラーコピー … 123

4-5 服のラフモデルの作成 … 124
- 4-5-1 サブディビジョンレベルの削除 … 124
- 4-5-2 ZModeler：ターゲットの直接指定 … 124
- 4-5-3 サブツールのスプリット：シェル分割 … 125
- 4-5-4 表示設定：両面 … 127
- 4-5-5 服のシルエットをみて再調整 … 127

Chapter 5 パーツの制作 … 129

5-1 靴の作成 … 130
- 5-1-1 靴の作成：上部分 … 130
- 5-1-2 ZModeler：穴を閉じる … 131
- 5-1-3 ZModeler：ポリゴンの削除 … 131
- 5-1-4 靴の作成：ソールの形状作成 … 132
- 5-1-5 ZModeler：トランスポーズ（エッジ） … 133
- 5-1-6 靴の作成：ソールに厚みをつける … 133
- 5-1-7 ZModeler：クリース … 134
- 5-1-8 靴の作成：ヒール … 135
- 5-1-9 靴の作成：ソールにディテールを追加 … 136

5-1-10	ZModeler：頂点のスライド	137
5-1-11	靴の作成：プレートの板ポリゴン作成	138
5-1-12	表示設定：裏表の反転	139
5-1-13	靴の作成：プレートにハードエッジをつける	140
5-1-14	靴の作成：調整	141

5-2 眼帯の作成　142

5-2-1	眼帯の作成：ベース	142
5-2-2	ZModeler：円形の分割を作成	144
5-2-3	眼帯の作成：パーツの追加	145
5-2-4	ZModeler：Qメッシュ（ポリゴン）	146

5-3 ワンピースの作成　147

5-3-1	首元、袖、裾の穴を閉じる	147
5-3-2	フタに凹面を作成する	147
5-3-3	ZModeler：スケール（ポリゴン）	148
5-3-4	エッジのスライドによるハードエッジの作成	148

5-4 カチューシャの作成　150

5-4-1	サブツールのスプリット：グループ分割	150
5-4-2	耳部分の作成：ベース	151
5-4-3	ZModeler：インセットで内側に分割を追加	154
5-4-4	耳部分の作成：エッジのクリース	154
5-4-5	耳部分の作成：後ろ側のパーツ	155
5-4-6	ジョイントパーツの作成	156
5-4-7	カチューシャの作成	157
5-4-8	マスクからポリゴンを抜き出す	158
5-4-9	Zリメッシュの分割コントロール	159
5-4-10	カチューシャの作成：ポリゴンの整理	159
5-4-11	サブツールの結合	160

5-5 肩アーマーの作成　161

5-5-1	シンメトリ設定：前後	161
5-5-2	肩アーマーの作成：ベース	162
5-5-3	肩アーマーの作成：裏面の削除	164
5-5-4	肩アーマーの作成：厚みをつける	165
5-5-5	肩アーマーの作成：出力用に加工①	166
5-5-6	ZModeler：ブリッジでポリゴンを貼る	167
5-5-7	ZModeler：頂点の接続	168
5-5-8	肩アーマーの作成：出力用に加工②	168

Chapter 6 ポーズの作成　171

6-1 ポージング前の下準備　172

6-1-1	サブツールを整理する	172
6-1-2	ポリグループを整理する	173
6-1-3	パーツごとに自動ポリグループ化	173
6-1-4	ポリグループ単位での表示／非表示、表示の反転	174
6-1-5	表示／非表示状態を戻す	175

6-1-6	選択範囲での表示	175
6-1-7	選択範囲での非表示	176
6-1-8	非表示ポリゴンの削除	179
6-1-9	ギズモ3Dを使った2軸スケール	180
6-1-10	ギズモ3Dを使った複製	180

6-2 ポージングの作成　182

6-2-1	トランスポーズマスター	182
6-2-2	ポーズの作成	183

6-3 ポージングの流れ　188

6-3-1	ポーズを分析する	188
6-3-2	体全体を傾ける	189
6-3-3	腰、胸を曲げる	189
6-3-4	腕、脚を曲げる	191
6-3-5	パーツの形状を整える	191
6-3-6	シルエットを確認する	192

Chapter 7　仕上げ　195

7-1 IMMブラシの使い方　196

7-1-1	ブラシの読み込み	196
7-1-2	顔のサブツールを複製する	197
7-1-3	IMMブラシでカーブを作成	197
7-1-4	カーブの編集	198
7-1-5	カーブの延長	198
7-1-6	メッシュの削除	199
7-1-7	メッシュの更新（サイズ変更）	199
7-1-8	メッシュの更新（形状変更）	200
7-1-9	カーブのみ削除	200

7-2 髪の毛の配置　201

7-2-1	ラフを参考にメッシュを配置する	201
7-2-2	カーブフォールオフ調整	202
7-2-3	カーブスナップ	203
7-2-4	髪の毛のサブツールを分ける	203
7-2-5	ポリグループマスク	204
7-2-6	束と束の重なり方を調整	205
7-2-7	束と頭の重なり方を調整	205
7-2-8	束の裏側の処理	206
7-2-9	後ろ髪の配置	207
7-2-10	シルエットを確認	209

7-3 髪の毛の仕上げ　210

7-3-1	髪の毛の彫り込み	210
7-3-2	束同士を結合	212
7-3-3	hPolishブラシで溝を埋める	213
7-3-4	先端の溝と段差を埋める	214
7-3-5	頭頂部の溝と段差を埋める	214

7-4 服のモデリング：仕上げ 216

- 7-4-1 ワンピースの仕上げ 216
- 7-4-2 襟の作成 219
- 7-4-3 エプロン（上）の作成と仕上げ 220
- 7-4-4 スカートの仕上げ 222
- 7-4-5 エプロン（下）の作成と仕上げ 224
- 7-4-6 リボンの作成と仕上げ 226
- 7-4-7 カーブファンクションを使ったフリルの作成 227
- 7-4-8 フリルを繋げる 229
- 7-4-9 ギズモ3D：膨張 230
- 7-4-10 フリルの仕上げ 231
- 7-4-11 厚み、強度の確保 232

7-5 体の仕上げ 233

- 7-5-1 関節部の修正 233
- 7-5-2 Inflatブラシで指を膨らませる 234
- 7-5-3 腕の位置を調整する 234
- 7-5-4 関節部の結合 234

7-6 ディテールの追加 235

- 7-6-1 削り取る側のメッシュの作成（ZModeler） 235
- 7-6-2 ブーリアン演算 236
- 7-6-3 直線にマスクを引く 237
- 7-6-4 削り取る側のメッシュの作成（マスク） 238
- 7-6-5 IMM ModelKitを使ったメッシュの追加 241

7-7 台座の作成 243

- 7-7-1 ZModeler：ポリグループ適用（エッジ） 243
- 7-7-2 ハードカバーの作成 244
- 7-7-3 紙部分の作成 245

Chapter 8 出力データ作成 249

8-1 ポリペイント 250

- 8-1-1 ダークカラーのペイント 250
- 8-1-2 ダークカラーを整える 250
- 8-1-3 ライトカラー・ハイライトのペイント 251
- 8-1-4 凹み部分のペイント 252

8-2 出力用データの作成 253

- 8-2-1 デシメーションマスターを使ったリダクション 253
- 8-2-2 3Dプリントハブを使ったサイズ設定 254
- 8-2-3 データ出力 255

8-3 出力サービス 257

ギャラリー 259

索引 269

はじめに

これから3Dモデリングを始めてみよう、という方はとても幸せです。3DCGソフトは数多くありますが、ZBrushは他のソフトにはない直感的で感覚的に創造できる素晴らしいソフトです。

ですが簡単に使えてさらに素晴らしい造形ができるか、というと残念ながら全くそうではなく、思ったように使いこなせるようになるまでは多くの壁を乗り越える必要があります。例えると物凄い難しいゲームを遊ぶ感じです。ですがゲームはついつい熱中して遊んでしまいます。それは開発者が熱中できるようにゲームを設計しているからです。ここをクリアしたらご褒美がもらえて、次の目標はすこし難しく…など丁寧にクリアまで導いてくれています。ですがZBrushはそのように設計されていません。突然巨大な壁にぶつかることもあります。

この多くの壁を乗り越えるために何より大事なことは、「自分が何をしたいか」のビジョンを自分自身で決めることです。例えば、「まず始めは比較的簡単そうなキャラクターから作って徐々にステップアップしよう」とか、「難しそうだけど何が何でもこのキャラクターを作成する」など目標を決めてください。「このキャラクターが好きだから上手に作れたらいいな」「デジタルだったら手作業より楽なのかな」などなんとなく夢を持つだけではZBrushを習得する道のりでは心が折られてしまいます。

あとはその目標に向かって根気をもって取り組んでください。といっても毎日何時間もやる必要はないので1日1分、データを開くだけでいいので必ず毎日ZBrushを起動することを習慣づけましょう。本書では作例を追いながら基本的な機能を少しずつ覚えていき、最終的には出力データを作成するところまでをカバーしていますが、ZBrushでのフィギュア制作が初めてという方は、まずは完璧を目指すのではなく最後まで完成させることを目標にしてみると良いかと思います。仮に失敗してうまくいかない場合でもあまり気にせず次に活かすという気持ちで進めてみてください。

ウチヤマ リュウタ

本書の使い方

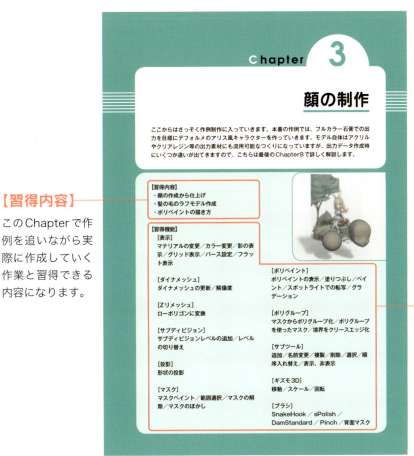

Tips

主に機能についての解説を詳しく行っています。その他、知っておくと便利な機能やテクニックなども紹介しています。

> **Tips エッジの削除と挿入**
>
> エッジの削除は［EDGE ACTIONS→削除］［TARGET→完全エッジループ］で行いましたが、［EDGE ACTIONS→挿入］（TARGETはどの設定でも可）の設定でAltキーを押したままクリックすることでも削除することができます。

Memo

主に覚えておきたいポイントや注意点などを紹介しています。

> **Memo 石膏出力の注意点**
>
> フルカラー石膏出力の場合、先の尖ったものや薄い板状のもの、細い棒状のものなどは精度・強度面でうまく出力されない場合や、場合によっては出力不可となってしまう可能性があります。
> 出力依頼する業者によって細さや薄さの基準にばらつきがあるので難しいところではありますが、最終的に出力するサイズを常に念頭に置いて、細かさよりもあくまでも強度を優先して作成しましょう。

Introduction

対応バージョンについて

本書の作例解説および作例データは、すべてZBrush 4R8 P2を基準に作られています。該当バージョン以外をお使いの場合、作例制作が途中で進められなくなる可能性がありますのでご注意ください。

付属のダウンロードデータについて

本書に付属のダウンロードデータは、ボーンデジタルのウェブサイト（下記URL）の本書の書籍ページまたは書籍サポートページからダウンロードいただけます。

http://www.borndigital.co.jp/book/

発売日時点での提供データには次のようなフォルダが含まれています。

- BrushData：作例制作で使用しているカスタムブラシデータ
- ZBrushProjectData：作例制作の手順を追ったプロジェクトデータ
- Images：作例制作にあたって使用可能な参考写真・画像データ
- PDF：作例制作で使用する機能のホットキー表および機能名称の日英対応表

※「BrushData」および「ZBrushProjectData」にはそれぞれ「利用規約」を明記したテキストファイルが付属しています。必ずお読みいただき、内容に同意のうえ正しくご利用ください。

上記のダウンロードデータはパスワード付きのzip圧縮ファイルとなっています。以下の開封用パスワードを使用し、対応したツール（解凍ソフト）で展開してください。

z3d4nsbm

ペンタブレットの設定

ZBrushは基本的にマウスではなくペンタブレットを使用してモデリングしていきます。ここではWACOM社製タブレットを使用して説明していきます（バージョンや製品で画面が違う場合があります）。ここではWindows10での設定操作を例に解説していきます。

ペンの設定

［スタート］メニューを表示し、［よく使うアプリ］の中から［ワコム］を選択すると、ワコムデスクトップセンターの設定画面が開きます。

まず右クリックがどこに設定されているか確認しましょう。
ワコムデスクトップセンターの［ペンの設定］をクリックしてワコムタブレットのプロパティを開きます（図1）。Macの場合は、［システム環境設定→ワコムタブレット］でワコムタブレットのプロパティが開きます。

ペンタブレットの設定

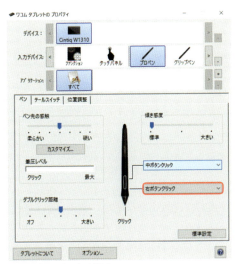
図1　右クリックの設定

使用しているタブレットの種類・バージョンによって初期設定が違うと思いますが、ZBrushでは「右クリック」を頻繁に使用します。筆者は押しやすい下側のボタンを「右クリック」に設定しています。ペンの持ち方によってボタンの位置は適宜変えてみてください。
ZBrushでは「中ボタンクリック」は使いませんのでもう片方のボタンは好みの設定で構いませんが、他の3Dソフトの場合「中ボタンクリック」も使うことが多いため設定しておくとちょっとだけ便利かもしれません。

液晶タブレットの場合は以上で完了です。通常のタブレットの場合は、「タブレット本体」の設定が必要ですので、次の「タブレットの設定」に進んでください。

タブレットの設定

[位置調整]もしくは[マッピング]の項目をクリックし設定画面を切り替えます。その中の[縦横比を保持]にチェックを入れます(図2)。そうすることでタブレットの比率を、使っているモニターの比率に合わせてくれます。このチェックを入れないと環境によっては円を描いても楕円になってしまったりします。

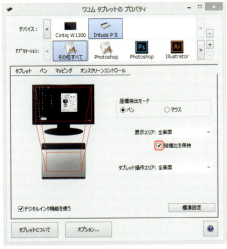
図2　ペンのマッピング設定

Introduction

キャラクターデザイン

本書籍では作例用にアリス風のデフォルメキャラクターをデザインしました。ここではその経緯を簡単に紹介していきます。Chapter3からの作例制作を開始するにあたり、作っていくキャラクターのデザインが少しでも頭に入っていると作業がよりイメージしやすくなると思います。

コンセプト

まずはキャラクターを作成するにあたってコンセプトを決めるところから開始しました。

- 初心者向けの書籍内容に合った、幅広く受け入れられるキャラクターデザイン
- 作例として押さえておくポイント（人体、髪の毛、服）以外にも、ZBrush 4R7から追加された機能「ZModeler」を解説するための無機物の要素を入れる
- フルカラー石膏出力可能なパーツ強度を確保できるデザインと出力費を考慮したサイズ設定

上記のコンセプトからある程度デフォルメでいくことは決定。キャラクターデザインについては他のコンセプトについても要件を満たしているということで、筆者の個人創作作品「Daitai Robot」の「21式選抜射手-セシナ-」をベースにデフォルメしていくこととなりました。ボーンデジタル様の配慮に感謝いたします…！

世界観設定

Daitai Robotの世界観は、近未来の日本を舞台に人工知能によって進化した「新人類」とその恩恵を受けることのできない「人類（現在の人類）」による対立を描いています。Daitai Robotの世界観に興味のある方は、下記ウェブサイトをご覧ください。

▶ Daitai Robot Website
http://www.daitairobot.com/

キャラクター設定

今回の作例でベースとなった「21式選抜射手-セシナ-」の設定ですが、人類側が立ち向かう手段としてアンドロイド（高性能ドール）を兵器として改造・開発された「DTR」のひとつです。

- もともと小柄な家庭用のドールであったため、手を工業用ロボットに換装。アリス風の服装はドールであった名残
- 遠距離支援型なので視覚性能・偵察性能が重視され右眼が光学照準器に、耳飾りが電波探知機に置き換えられている
- 偵察用ドローン―補助カメラとしてウサギ型偵察機を装備

という設定のもとデザインしています（図3）。

キャラクターデザイン

図3 セシナのデザイン画

そして上記デザインをデフォルメ化したのが今回のモデルになりますが、これは「新人類」と「人類」の戦いが終わった平和な世界で、過去に使われた兵器がおもちゃとしてスケールダウンして販売されているという設定でコンセプトを汲みつつデザインし直しました（図4）。

図4 デフォルメ化

Introduction

「ちびセシナ」

■商品説明

過去の大規模な紛争にて使用された主力兵器「21式選抜射手-セシナ-」が可愛くデフォルメ化。デフォルメながら各部の特徴をしっかり再現。内部には高度なAIを搭載し、環境を把握し適切な感情を表情豊かに表現しながら人間さながらの行動をします。身長15cm程のコンパクトな形状ながら、最新の技術が詰め込まれています。

専用のブック型充電ドックが付属します。

■商品仕様

希望小売価格：2万9800円（税別）

ラインナップ：スカイ／ホワイト、ピンク／ブラック

■周辺機器・その他

・ちびセシナ専用うさぎ型ドローンカメラ

・アリス風ビネットキット

イラスト完成

このデザインや設定をもとに、デザイナーの砂山幸助さんにイラストを仕上げてもらいました。またおもちゃのビネット（ジオラマ）としてアリス風のオブジェ、背景も描いていただきました（図5）。

図5　表紙イラストの完成

Chapter 1

操作画面と初期設定

まずはZBrushの操作画面と使い方を簡単に説明したあと、より作業しやすい環境(レイアウト)に設定する方法を解説していきます。

※本書ではWindows版ZBrushを使用して説明していきますが、Mac版ZBrushでも問題ありません。
　キーボードの「Ctrl、Alt」をそれぞれ「Control、Option」に置き換えて読み進めてください。

【習得内容】
　・ZBrushの操作画面について理解する
　・初期設定を行う

【習得機能】
　[UI]
　画面レイアウト／トレイ、パレットの使い方

　[環境設定]
　右クリックの設定／サブパレット展開設定／環境設定の保存

Chapter 1 操作画面と初期設定

1-1 ユーザーインターフェース

操作画面のことをユーザーインターフェース（以下「UI」）と呼びます。ZBrushのUIは他のCG系ソフトとは違った独自のレイアウトや操作方法になっているため初めは戸惑うかもしれませんが、慣れてくると実はとても使いやすい設計になっていることに気がつきます。初めて触るという方は、まずは何度も触って操作に慣れることから始めましょう。

1-1-1 ホームページウィンドウを閉じる

ZBrushを起動すると、Pixologic公式ホームページでの更新情報関連のウィンドウが開いた状態で立ち上がります。右上の×ボタンで閉じる前に、その左側にある歯車アイコンをクリックし、［ニュースがアップデートされた場合表示（推奨）］にチェックを入れてから閉じましょう（図1-1）。こうすることで起動時に毎回表示されなくなります。

図1-1　ホームページウィンドウの設定を切り替える

1-1-2 ライトボックスを閉じる

起動後の画面は図1-2のようになっています。中央上部に表示されているウィンドウは、新機能のサンプルデータやあらかじめ用意されているモデルやブラシなどが入っている「ライトボックス」と呼ばれるウィンドウです。ライトボックスはまだ使用しないので、画面右上にある［非表示］ボタンをクリックして一旦閉じておきましょう。

図1-2　ライトボックスを閉じる

1-1-3 UIの説明

UIの名称は次のようになっています(図1-3)。各詳細については制作過程の中で順に説明していきますので、ここでは名称と簡単な内容および操作を頭に入れておきましょう。

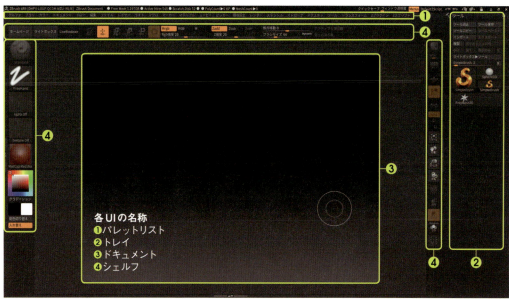

図1-3　各UIの名称

❶ パレットリスト
パレット(左からアルファ、ブラシ、ファイル…など)が横並びに並んでいます。各パレットをクリックするとパレットが展開します。この中から機能を選んで実行、および数値の変更などを行います。各詳細については作例を追いながら説明していきます。

❷ トレイ
使用頻度の高いパレットを配置しておくことができるスペースです。初期設定では「ツール」が右側に配置されていますが、自分で追加／変更することもできます。

❸ ドキュメント
モデルを配置して造形を行う作業スペースです。

❹ シェルフ
ドキュメントの周囲(上部および左右)に並んでいるツール群のスペースで、ここからパレット内の各機能にスムーズにアクセスすることができます。また、Tabキーでこれらのシェルフすべての表示／非表示を切り替えることができます。

Chapter 1 操作画面と初期設定

1-1-4 パレット、トレイの操作

パレットをトレイに配置してみましょう（図1-4）。パレットリストから適当なパレット（図では［ストローク］）をクリックし、左上にあるマーク（❶）をドラッグしてトレイにドロップします。元に戻す場合は右上のマークをクリックします（❷）。

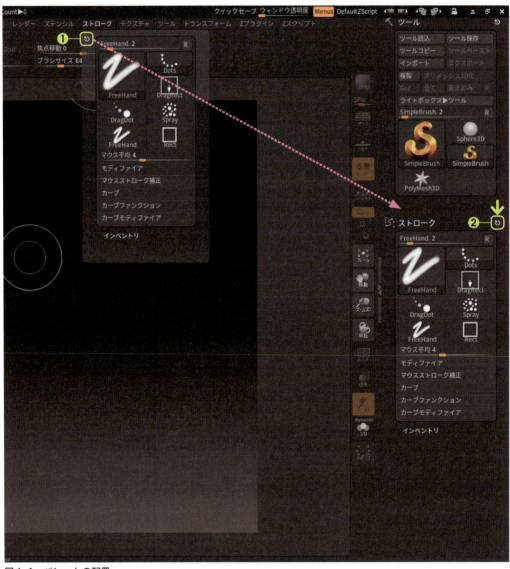

図1-4　パレットの配置

トレイに配置されたパレットは、タイトルラベルをクリックすることで折りたたむことができます。また、上下にはみ出してしまった場合はトレイの左右の隙間をドラッグすることでスクロールできます（図1-5）。

図1-5　トレイの折りたたみとスクロール

画面左端の中央にある▲▼ボタンをダブルクリックするとトレイが左側にも展開します（図1-6）。左利きの方や右トレイに収まりきらない場合などに便利な機能です。

図1-6　左側のトレイ

1-2 環境設定

作業を効率良く行うためにZBrushの環境設定を変更していきましょう。ここでは筆者が推奨する最低限の設定のみをご紹介します。他にもいろいろな設定がありますので、慣れてきたら自分好みに設定をカスタマイズしていくのも良いかと思います。

1-2-1 右クリックの設定

初期設定では右クリックをしたときに、図1-7のようなポップアップウィンドウが表示されます。一見便利そうなウィンドウですが、視点変更時に邪魔になったり、各数値、ボタンが密集していて誤操作を起こしやすいというデメリットから、本書では表示しないようにしています。

図1-7 右クリック時のポップアップウィンドウ

これを表示しないようにするには、[環境設定→インターフェース→ナビゲーション]の設定を次のように変更します(図1-8)。変更できたら右クリックしてポップアップウィンドウが表示されなくなったことを確認しておきます。

- [右クリックナビゲーション]：オン
- [右クリックポップアップ可]：オフ

図1-8 右クリックの設定

1-2-2 サブパレットの展開設定

パレット内のサブパレット（［環境設定→インターフェース］や［環境設定→コンフィグ］などパレットの一つ下の階層）を展開するときに同時に複数開けるように設定します（初期設定では2つ同時に開くには、Shiftキーを押しながらサブパレットをクリックする必要があります）。

次のように［環境設定→インターフェース→パレット→単一サブパレットのみ開く］をオフにします（図1-9）。

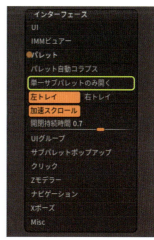

図1-9　サブパレットの展開設定

> **Tips　ライトボックスについて**
>
> 起動時にライトボックスは必ず開きますが、実はそこまでライトボックスを使う頻度は多くないため、［環境設定→ライトボックス→起動時開く］をオフにして開かないように設定しておくこともできます。

こうすることでShiftキーを押さずとも2つサブパレットを同時に展開することができます。今後作業する上で同時に展開したほうがやりやすいことが多いので、この設定をオフにします。

1-2-3 環境設定の保存

［環境設定→コンフィグ→変更内容保存］を押すと、変更した環境設定が起動時に読まれるようになり、再度設定する必要がなくなります（図1-10）。

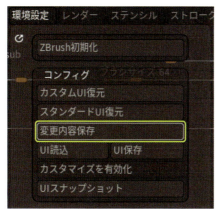

図1-10　環境設定を起動時設定として保存

Chapter 1 操作画面と初期設定

まとめ

以上で最初のセッティングは完了です。冒頭で説明したとおり環境設定項目は多岐にわたり、ここで紹介した設定はほんの一例に過ぎません。

ZBrushは画面のレイアウトからボタンの位置・各ショートカットキー・オリジナルのパレット作成・UIの色にいたるまで、かなり細かく自分好みにカスタマイズすることができますが、まずは初期のレイアウトやショートカットで学んでいくことを本書ではお勧めします。

基本を飛ばして覚えてしまうと、突然のPCの故障や仕事の都合などで環境が変わってしまった場合、また友人に教える場合など対応できなくなってしまいます。作業の中で慣れてきたら少しずつ自分好みにカスタマイズしていくとよいでしょう。次のChapterでは早速ZBrushのスカルプトを体験していきましょう。

chapter 2

基本操作

実際に手を動かしながら基本的な操作を覚えていきましょう。
いきなりパレット内の機能やショートカットをすべて覚えるのは大変です。実際に触りながら徐々に覚えていってください。読み進めていく中で「挙動がおかしくなってしまった」「動かせなくなった…」などの問題が発生した場合には、このChapterの最後で解決方法を紹介していますので参考にしてみてください。

また、ZBrushはペンとキーボードを組み合わせて操作します。右手はペン、左手はキーボードの上に置いた姿勢（左利きの方は逆になります）で進めてみてください。

【習得内容】
・ZBrushでスカルプトを開始する
・視点操作、基本操作
・基本的なブラシを使ったモデル作成
・間違えやすい操作と解決方法

【習得機能】
　［プロジェクト］
　ライトボックス／プロジェクトの保存／プロジェクトを開く

　［基本操作］
　アンドゥ／リドゥ／シンメトリ設定／形状の左右対称化

　［視点操作］
　回転／移動／ズーム／傾ける／リセット

　［ブラシ］
　ブラシサイズ／Z強度／焦点移動／
　Standard／Clay／ClayBuildup／
　Smooth／Move／TrimDynamic

　［表示］
　ワイヤーフレーム表示

Chapter 2 基本操作

2-1 プロジェクトを開く

ZBrushにはあらかじめ開始しやすいように、ある程度設定の完了したプロジェクトデータが用意されています。まずはそのプロジェクトを開いてみましょう。

2-1-1 ライトボックスからプロジェクトを開く

画面左上の[ライトボックス]ボタンをクリックしてライトボックスを展開したら(図2-1 ❶)、その中に[Dynamesh_Sphere_128.ZPR]というプロジェクトがあるので、このアイコンをダブルクリックします(図2-1 ❷)。

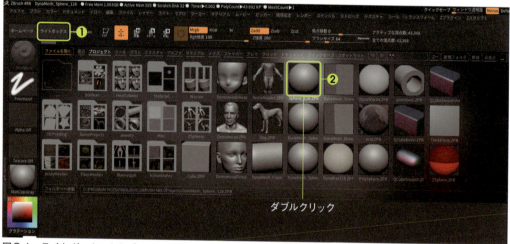

図2-1 ライトボックスから[Dynamesh_Sphere_128.ZPR]を開く

ドキュメントの中央に球体が表示されます。このようにドキュメント上に配置された3Dモデルのことを「メッシュ」と呼びます(図2-2)。

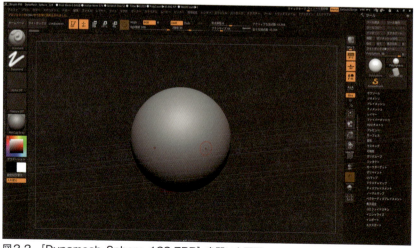

図2-2 [Dynamesh_Sphere_128.ZPR]を開いた画面

このプロジェクトはスカルプトしやすいように色々な設定が完了した状態になっています。まずはここからZBrushに慣れていきましょう。困ったときはこのプロジェクトを開き直すのも一つの手です。

2-2 スカルプト

それでは早速このメッシュをスカルプトしてみましょう。
ZBrushでは基本的にブラシを使ってメッシュを彫り込むことで形状を作成していきます。まずはブラシの使い方について説明します。

2-2-1 スカルプト／スカルプトの反転

メッシュ上にペン先を付けてドラッグすることでスカルプトすることができます。このメッシュは左右対称の設定になっているため左右同時にスカルプトされます。またAltキーを押しながらドラッグすると、ブラシ効果が反転します（図2-3）。

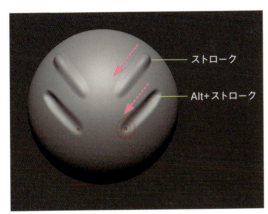

図2-3 ペン先を付けてスカルプト

2-2-2 Smoothブラシ

Shiftキーを押している間はブラシカーソルが青色に変化し [Smoothブラシ] に切り替わります。Shiftキーを押しながら先ほどスカルプトした箇所を撫でるようにドラッグしてみてください。凸凹の表面が溶けるように形状が変化します（図2-4）。
Smoothブラシは主に荒れた表面や凹凸を馴染ませるときに使用します。

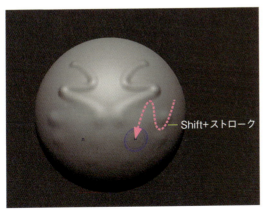

図2-4 スムースをかける

筆圧でスカルプトの強弱が変化するため、粘土をこねるような感覚でモデリングできるのがZBrushの特徴です。

2-3 視点（カメラ）の操作

実際の粘土造形と同じように、ZBrushでもモデルを様々な方向から観察しながら作成することが重要になります。ZBrushにおける視点の変更方法には、「ボタンで行う方法」と「キーボードを使う方法」の2つがありますが、本書では後者の「キーボードを使用する方法」で説明していきます。

2-3-1 回転

右クリックをしたままペン先を少し浮かせた状態でドラッグすると、最後にストロークした箇所を中心に視点（カメラ）が回転します（図2-5）。さらに、回転中にShiftキーを押すことで上下左右前後に視点を固定することができます。Shiftキーを押しながら回転させるのではなく、揃えたい方向にある程度回転させながら追加でShiftキーを押すのがコツです。

図2-5　視点の回転

2-3-2 移動

右クリック＋Altキーを押しながらペンをドラッグさせることで、水平に視点が移動します（図2-6）。

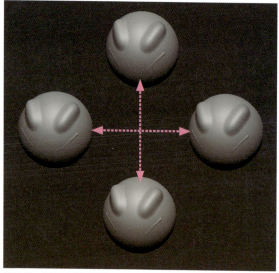

図2-6　視点の水平移動

Altキーを押したまま右クリックを押す→ペンをドラッグ→右クリックを離す、といった流れで操作するのがコツです。Altキーを途中で離してしまうとズーム操作に切り替わってしまうので注意しましょう。

2-3-3 ズームイン／ズームアウト

右クリック＋Ctrlキーを押したままペンをドラッグさせることで、カメラのズーム操作を行えます。移動させる方向によってズームイン／ズームアウトが切り替わります。上下または左右でコントロールします（図2-7）。

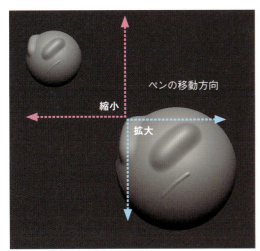

図2-7　視点のズームイン／アウト

移動と同じく、Ctrlキーを常に押した状態で操作するのがコツです。Ctrlキーを途中で離してしまうと視点の移動操作に切り替わってしまうので注意しましょう。

2-3-4 傾ける

カメラの向いている方向に対して捻るような動作です。キーを押す／離す順番で動作します。手順は下記の流れになります。

❶Shitfキーを押す
❷右クリック（Shiftキーは押したまま）
❸Shitfキーのみ離す
❹右クリックしたままペン先をくるくる回すようにドラッグ

この手順でカメラを傾けることができます（図2-8）。

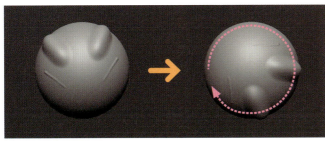

図2-8　視点の傾き

2-3-5 カメラのリセット

Fキーを押すとメッシュにカメラを自動的に合わせます。視点変更で見失ってしまった場合やドキュメントの端に行ってしまったときに素早く中央に戻したり、メッシュがどこにあるか分からないときなどに使います。

以上（2-3-1から2-3-5）が視点の操作になります。Shift、Ctrl、Altキーを使いますので、ペンの利き手と逆側の手は常にキーボードの上に置いておきましょう。視点を動かさずに作業するということは、現実でいうと自分の顔も粘土も固定した状態で造形するのと同じようなものです。

操作に不慣れなうちはモニターの向こう側を遠隔で動かしているような感覚かと思いますが、自転車の練習と同じように初めは難しいと感じることも経験を積み重ねることで無意識に直感的に動かせるようになるはずです。作業する上で、まずは意識して視点を動かすことを心がけましょう。

2-4 よく使う操作

次に、初期の頃から頻繁に使う操作をまとめました。ZBrushではパレットから機能を選択する以外にも、ショートカットでしか使えない操作が多く存在しています。ここで紹介しきれないものについては作例を追いながら順に説明していきます。

2-4-1 アンドゥ／リドゥ

ZBrushに限らずアンドゥ／リドゥは非常によく使われる操作（コマンド）です。

- Ctrl＋Z（アンドゥ）：直前の操作を取り消して一つ前の状態に戻す
- Ctrl＋Shift＋Z（リドゥ）：アンドゥで取り消した操作を再度実行する

またZBrushでは、作業画面上部にこれまでの操作履歴がブロック状のバーで表示されるため、ここを直接クリックまたはドラッグしても履歴を遡ることができます（図2-9）。

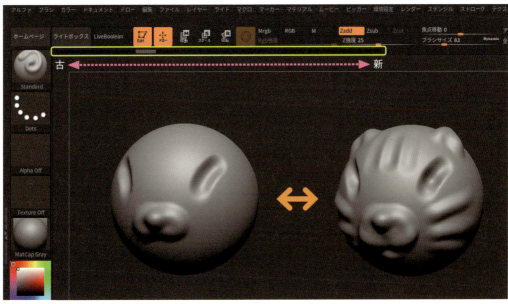

図2-9　履歴のブロック表示

また、25回以上の履歴を戻してからスカルプトを開始しようとすると、図2-10のようなメッセージが表示されます。「以前の履歴が消えるためリドゥができなくなりますがよろしいでしょうか？」という確認です。新しくスカルプトして問題なければ［OK］、履歴を消したくない場合は［キャンセル］を選択します。

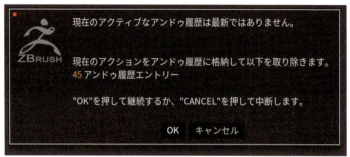

図2-10　アンドゥ履歴の警告メッセージ

> **Tips　履歴の警告メッセージ**
>
> 前述のとおり、初期設定では図2-10の警告メッセージはアンドゥ履歴「25回」以上で表示されるように設定されていますが、この回数は任意で変更することができます。
>
> 変更方法は、[環境設定→アンドゥ履歴→削除時警告]の数値を変えるだけです。警告が煩わしいと感じる場合は、この数値を上げておきましょう。

2-4-2 左右対称にスカルプトする

Xキーを押す度にシンメトリのオン／オフを切り替えることができます。
オンのときはブラシカーソルとは別の赤いポイントが出てくるのが目印です。また「トランスフォーム→シンメトリを使用]にオン／オフのボタン表示があります(図2-11)。

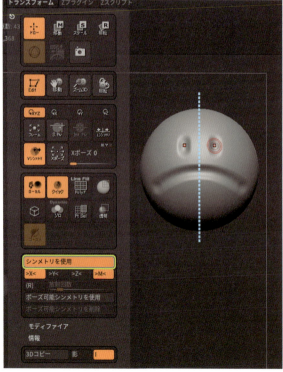

図2-11　シンメトリ設定

2-4-3 形状を左右対称にする

[ツール→ジオメトリ→トポロジー調整→鏡面化結合]をクリックすると、中央から左側の形状が右側にコピーされ左右対称になります（図2-12）。

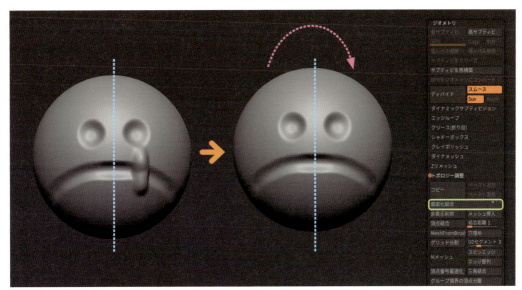

図2-12　形状を左右対称にする

2-4-4 形状を左右反転する

前述の[鏡面化結合]は コピーする方向（左から右）を変えることができないため、右側の形状を採用したい場合はあらかじめ左右を反転しておく必要があります。

図2-13は、まず[ツール→変形→ミラー]で左右を反転し、その後[鏡面化結合]を実行して左側の形状を右にコピーします。

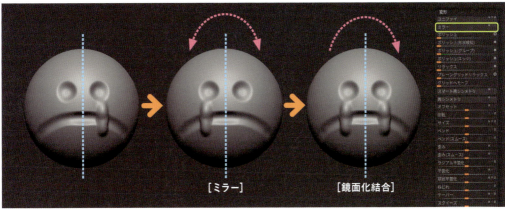

図2-13　形状を左右対称にする

2-4-5 ワイヤーフレーム表示

ワイヤーフレーム表示はポリゴンの分割や密度などを確認する際によく使用します。Shift＋Fキーまたは右シェルフ内のボタンで表示を切り替えることができます（図2-14）。

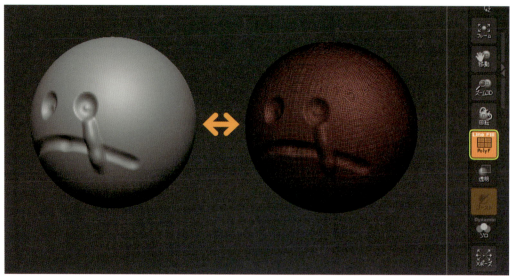

図2-14　ワイヤーフレーム表示

2-4-6 プロジェクトの保存

［ファイル→別名で保存］（Ctrl＋S）で現在の状況を保存できます。また［ファイル→アンドゥ履歴］をクリックしてオンにしておくと履歴も一緒に保存することができます（図2-15）。

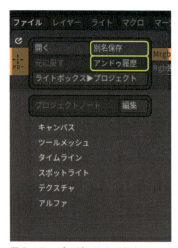

図2-15　プロジェクトの保存

［別名で保存］ボタンを押すとエクスプローラーが立ち上がります。ここで右クリックから新しいフォルダを新規作成し、その中に保存しましょう（図2-16）。ここでは「training」フォルダを作成しました。

2-4 よく使う操作

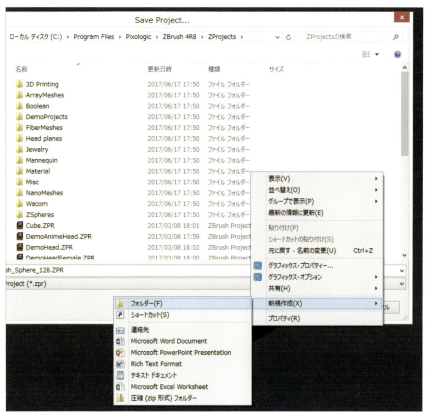

図2-16 フォルダを作成

> **Memo** フォルダ名／ファイル名
>
> フォルダ名およびファイル名については必ず「半角」を使用するようにしてください。4R8から日本語の全角表示ができるようになりましたが、「全角」のフォルダ名／ファイル名を使用していると一部の機能が上手く動作しないことがあります(ZBrush 4R8 P2時点)。

2-4-7 プロジェクトを開く

[ファイル→開く](Ctrl＋O)で保存したプロジェクトを開くことができます(図2-17)。

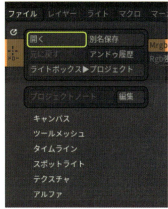

図2-17 プロジェクトを開く

19

Chapter 2 基本操作

プロジェクトデータはライトボックスから開くこともできます。画面右上の[ライトボックス]をクリックしてライトボックスを開くと、[プロジェクト]タブに先ほど作成した「training」フォルダが追加されているはずです（図2-18）。このフォルダをダブルクリックしてフォルダの内容を開き、プロジェクトデータをさらにダブルクリックするとデータを開くことができます。

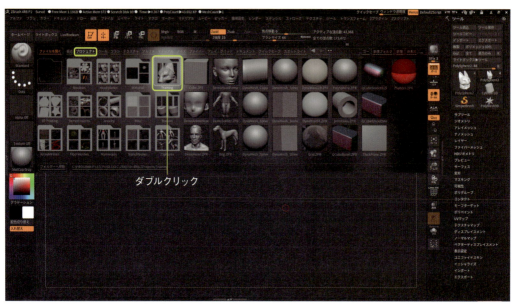

図2-18 ライトボックスからプロジェクトを開く

> **Memo　アンドゥ履歴の保存**
>
> 履歴を一緒に保存できるのは一見便利に感じるかもしれませんが、作業を積み重ねていくとデータがどんどん重くなっていくため、プロジェクトを開くのに5分以上待たされてしまうこともあります。これを回避するには[アンドゥ履歴]をオフにし、ファイル名に連番（○○_001〜など）を付けて別名で保存しておくことで、ある程度データを戻したり復帰することが可能です。ただし、その分ハードディスクを圧迫する場合もあるので、使っているPC環境によって使い分けることをおすすめします。

2-5 ブラシのパラメーター

筆圧で感覚的にモデリングできるのがZBrushの最大の特徴ですが、ブラシに関するいくつかのパラメーターは数値でのコントロールが必要になってきます。全部で3つありますが、最も重要なのは最初に説明する「ブラシサイズ」（ZBrush 2018.1以降の表記は「ドローサイズ」）です。

2-5-1 ブラシサイズの変更

Sキーを一回押すとカーソルの下に[ブラシサイズ]（ZBrush 2018.1以降は[ドローサイズ]）が表示されます。スライダーを動かしてサイズを自由に変更してみましょう（図2-19）。

図2-19　Sキーでのブラシサイズの変更

ブラシサイズによってメッシュに与える変化が大きく変わってくるため、非常に重要なパラメーターになります（図2-20）。シェルフ上段の[ブラシサイズ]でも変更できますが、頻繁に変更するパラメーターなのでSキーで行うほうがおすすめです。

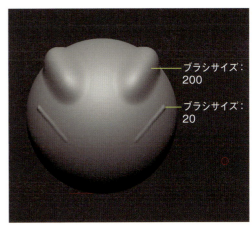

図2-20　ブラシサイズの比較

2-5-2 Z強度、焦点移動

Z強度（Uキー）はストロークした際の盛り上げる量／削る量を調整します（図2-21）。
また、焦点移動（Oキー）はブラシの縁のボケ具合になります（図2-22）。

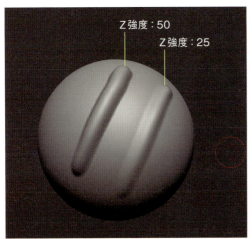

図2-21　ブラシのZ強度の比較

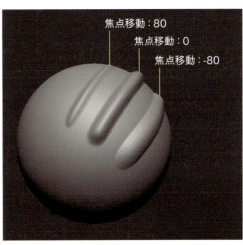

図2-22　ブラシの焦点移動の比較

「Z強度」と「焦点移動」は個人的にはそれほど頻繁に変更しないパラメータです。Z強度についてはペンタブレットの筆圧でも変化するため、イメージ的にはブラシサイズを「数値」、Z強度を「筆圧」でコントロールするような感覚で使い分けます。つまり、Z強度は数値固定で作業し、ブラシサイズだけを変更する形です。

図2-23は、Z強度を一切変えずにブラシサイズと筆圧のみを変えながら同じような幅で凹凸をつけてみた結果です。

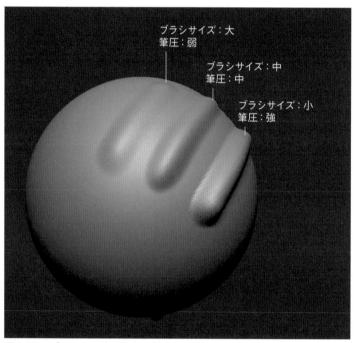

図2-23　ブラシサイズと筆圧のコントロール

前述のとおりZ強度は基本的には数値固定で作業しますが、筆圧には個人差があるため、使っていて違和感を感じるなど、**凹凸の強さの基準**を変えたいときに適宜調整すると良いかと思います。

焦点移動については、数値でコントロールするよりもブラシの種類自体を変更してしまうことがほとんどです。頻繁に変更しながら作業することはありません。ブラシの変更については次のページで解説します。

2-6 ブラシの変更

画面左上に [Standard] と書かれたアイコンがありますが、これが今選択しているブラシになります。ここまでの解説ではStandardブラシしか使っていませんが、ZBrushには他にも様々なブラシが用意されています。まずはブラシリストから見ていきましょう。

2-6-1 ブラシリスト

左上のブラシのアイコンをクリックするか、Bキーを押すとブラシリストが開きます。リスト内は左上からアルファベット順でブラシがずらっと並んでいます（図2-24）。

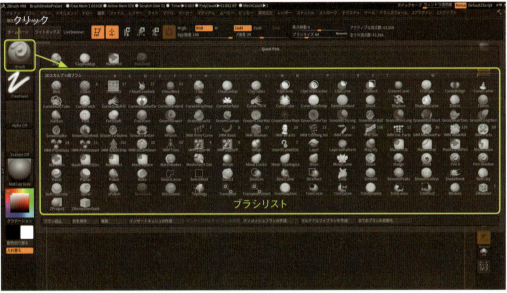

図2-24 ブラシリストを開く

目的のブラシが探しにくい場合は、キーボードでアルファベットの頭文字を打ち込むと該当のブラシのみが表示されます（図2-25）。是非活用してみてください。

図2-25 ブラシリストをアルファベットで絞り込む

2-6-2 Standardブラシ

デフォルトで選択されているブラシで、下の形状に沿って盛り上げるという特徴があります（図2-26）。形状を大きく作り変えていくラフモデル制作には不向きで、どちらかというと他のブラシで作成した形状の表面に細かい凹凸を彫り込んでいくような（例えば耳の内側など）細部向きのブラシです。

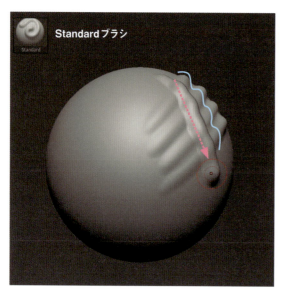

図2-26　Standardブラシの挙動

2-6-3 Clay／ClayBuildupブラシ

Clay／ClayBuildupブラシは粘土を盛り付けていくようなイメージのブラシです。下の凹凸の影響を受けるStandardブラシと違って凹凸の影響を受けずに盛り上げていくという特徴があり、ブラシの中でも直感的に形状を取っていけるブラシになっています（図2-27）。

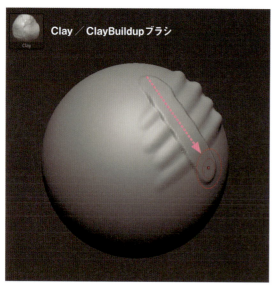

図2-27　Clay／ClayBuildupブラシの挙動

ClayブラシはClayBuildupブラシに比べるとソフトなブラシなため、筋肉や肉体のちょっとした盛り付けにちょうどよいブラシです。盛ったあとにSmoothブラシ（Shift＋ストローク）で馴染ませて整えていく流れになります（図2-28）。

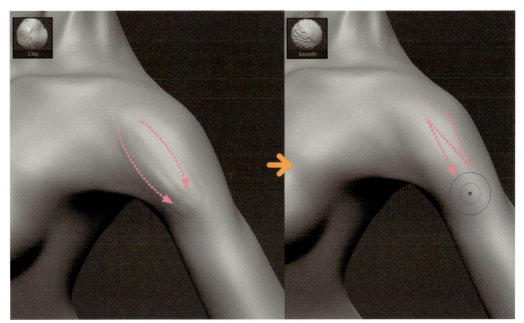

図2-28　Clayブラシ

ClayBuildupブラシはClayブラシよりも盛る力が強く、ペン先をその場で往復させることで大きく盛ることができるため、ラフ形状を作成する際などに便利です。
ブラシの縁がハード（ギザギザ状）に出るため、「ClayBuildupブラシで盛る」→「Shiftキーを押してSmoothブラシで整える」の操作を交互に繰り返しながら形状を整えていきます（図2-29）。

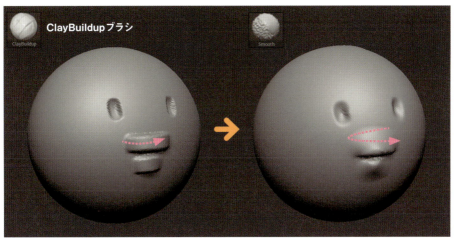

図2-29　ClayBuildupブラシ

2-6-4 Move ブラシ

指でつまんで引っ張るような感覚のブラシです。カメラに対して平行に引っ張る挙動になっています（図2-30）。

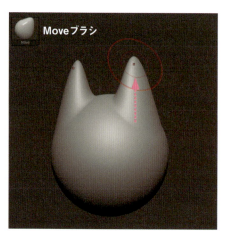

図2-30　Moveブラシ

他のブラシと違いブラシの痕が残りにくいため、美しい曲面で構成されたものを造形していく上で重要なブラシになります。綺麗に作るコツは「ブラシサイズを大きめにする」「カメラの角度で動かす方向をコントロールする」「ストロークの方向で変形の仕方を変える」の3点です。まずは曲面をなるべく崩さないように変形できるように練習してみましょう。コツさえつかんでしまえばMoveブラシだけで大まかな形状を作成するとこが可能です。

またブラシサイズを極端に大きくして使うことで、元の凹凸を残したままシルエットやバランスを調整することもできます。図2-31の例では「最初にMoveブラシで大まかな形状を作成」→「その上からClayBuildupブラシで彫り込む」→「最後にMoveブラシで形状のバランスを整える」といった流れで作成しています。

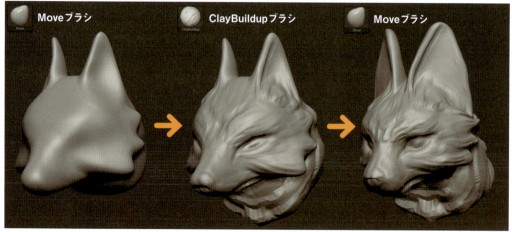

図2-31　Moveブラシを使ったモデリング例

ディテールを残したままバランスを変更できるのが他のブラシにはないMoveブラシの特徴です。例えば、ClayブラシやClayBuildupブラシでバランスよく彫ることができなくても、後からMoveブラシを使ってバランスを調整することもできます。

2-6-5 TrimDynamic ブラシ

現実世界でのヤスリがけに近いブラシになります。凸面をストロークすることで平らに削り取ります（削った面のエッジはハードに残ります）。
丸みを帯びた箇所をシャープにしたり、凸凹の面をフラットな面にすることができるので、メリハリの利いた造形を作成することができます（図2-32）。

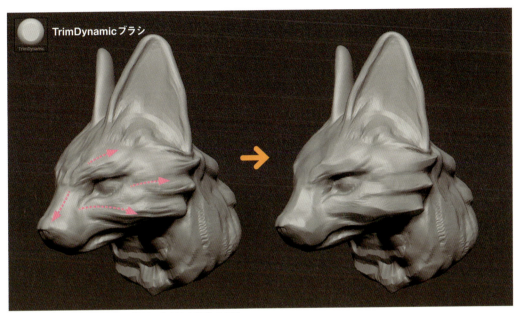

図2-32　TrimDynamicブラシでメリハリをつける

他にも多くのブラシが存在しますが、すべての種類のブラシを理解することよりも、自分に合ったブラシを探したりパラメーターを調整して使い込むことで、自分の手の感覚と馴染ませていくほうが近道だったりします。
ブラシに不慣れなうちは決められた形状を正確に作成していくのは難しいので、今回紹介したブラシなどを使って粘土をこねるような感覚で自由に造形することをおすすめします。次第にカメラ操作や各操作のショートカット、ZBrushの独特な画面にも慣れてくると思います。

Chapter 2 基本操作

2-7 間違えやすい操作と解決方法

ZBrushにはデフォルトでショートカットキーが多く登録されています。ここでは初級者が混乱しやすい例をいくつかピックアップしてみました。挙動がおかしかったり、表示がいつもと違うなど困ったときに見直してください。
初めのうちはあまり使わない機能もありますので、詳細については作例を追いながら説明していきます。

2-7-1 メッシュの色が変わってしまった

作業しているうちにメッシュの色が変わって見えにくくなってしまうことがあります。そんなときは、まず左シェルフにあるメインカラー（右側）の色をチェックしてください。
ZBrushではメインカラーの色がメッシュに反映されるようになっているため、誤ってＣキー（スポイト機能）で別の色を拾ってしまったり、Ｖキーでメインカラー（右側）とサブカラー（左側）を反転してしまっていることがあります（図2-33、34）。

図2-33　赤をスポイトしてしまったときの表示

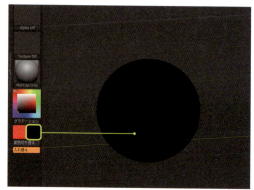

図2-34　メインカラーとサブカラーを反転したときの表示

その場合はメインカラーをデフォルトの白に戻しましょう。メインカラーをクリックしてカラーチャートを開き白色を選択します（図2-35）。

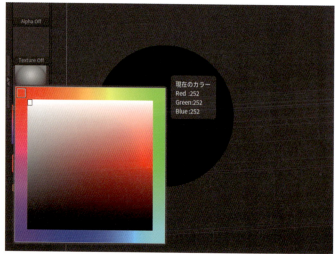

図2-35　メインカラーを変更する

2-7-2 メッシュに全く触れなくなった

おそらく全体にマスクがかかってしまった状態です。マスクとは部分的にメッシュの編集を不可にして形状を保護する機能です。マスクが全体にかかるとメッシュ全体が若干暗くなり、全く触ることができなくなります。こうなってしまった場合はマスクを解除する必要があります。

Ctrlキーを押したままドキュメント上の空きスペースをドラッグすると黒い矩形領域が表示されるので、メッシュにかからない位置でペン先を離してマスクを解除します（図2-36）。マスク機能については作例を追いながら詳しく説明していきます。

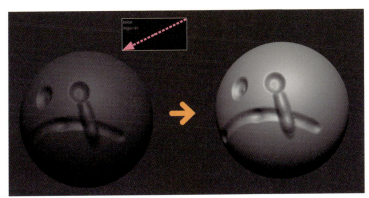

図2-36　マスクの解除

2-7-3 ドキュメントが突然単色になり操作が何もできなくなった

画面の塗りつぶしのショートカットを押してしまった可能性があります。ショートカットはCtrl＋Fで、比較的押しやすい位置にあり間違えて押してしまうと図2-37のようになります。この場合はCtrl＋Zで操作を戻すと消すことができます。

Ctrl＋Zで戻した後はドラッグしてもメッシュがたくさん配置されるだけで今までの操作が何もできなくなります。次の項にこの先の解決方法が書いてありますのでそちらを参照してください。

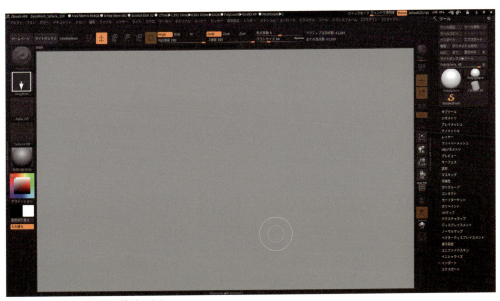

図2-37　ドキュメントの塗りつぶし

2-7-4 画面にメッシュが固定されてしまった／
　　　 ひたすらメッシュが配置されてしまう

Editモードと呼ばれるメッシュを編集するモードがオフになってしまった可能性があります。画面左上あたりに[Edit]ボタンがあるはずです。ここがオフになっていないか確認してみてください。
オフになっていた場合は、いくらドラッグしてもスカルプトはできず、メッシュがひたすら配置されるだけになってしまいます（図2-38）。

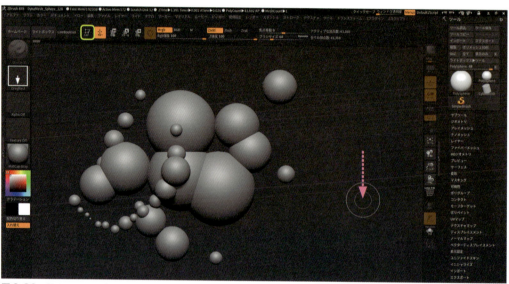

図2-38　Editモードがオフのときの挙動

画面右上の[Edit]ボタンをオンにすると直りますが、押せない場合はドキュメント上をドラッグしてメッシュを配置後に再度押してみてください。また、すでに配置してしまったメッシュは2Dの画像としてドキュメントに焼き込まれてしまっています。このドキュメントに焼き込まれてしまったメッシュはCtrl＋Nですべて消去できます。

初めのうちはこのEditモードのオン／オフでの挙動に困惑しがちですが、落ち着いてEditモードのボタンの確認とCtrl＋Nで画像の消去を試してみてください。

まとめ

基本操作は以上になります。アニメ系のフィギュアなど綺麗なラインで作られているものは、ここで紹介したような基本的なブラシの使い方を習熟した上でさらにZBrushの多くの機能をフル活用しつつ作成されています。美しい曲面で構成されたものよりも、ZBrushはどちらかというとムキムキの筋肉や動物、またはドラゴンなどのクリーチャーのように凹凸がはっきりしているもののほうが得意としています。

この先読み進めてみて「上手くできない」「難しい」と感じたら、このChapter2までの機能およびブラシを使い、シンプルな球体から造形してみてください。本来の楽しい造形感覚を思い出せるかもしれません。まずZBrushに慣れるためにもここまでの内容でいろいろな造形にチャレンジしてみるとよいでしょう。エラーなどが発生してよくわからなくなってしまったらZBrushを再起動してやり直すぐらいの気楽な気持ちでよいと思います。ブラシの使い方、筆圧やストロークの感覚はこの先必ず活きてきます。

Chapter 3
顔の制作

ここからはさっそく作例制作に入っていきます。本書の作例では、フルカラー石膏での出力を目標にデフォルメのアリス風キャラクターを作っていきます。モデル自体はアクリルやクリアレジン等の出力素材にも流用可能なつくりになっていますが、出力データ作成時にいくつか違いが出てきますので、こちらは最後のChapter8で詳しく解説します。

【習得内容】
・顔の作成から仕上げ
・髪の毛のラフモデル作成
・ポリペイントの描き方

【習得機能】
[表示]
マテリアルの変更／カラー変更／影の表示／グリッド表示／パース設定／フラット表示

[ダイナメッシュ]
ダイナメッシュの更新／解像度

[Zリメッシュ]
ローポリゴンに変換

[サブディビジョン]
サブディビジョンレベルの追加／レベルの切り替え

[投影]
形状の投影

[マスク]
マスクペイント／範囲選択／マスクの解除／マスクのぼかし／マスクの反転

[ポリペイント]
ポリペイントの表示／塗りつぶし／ペイント／スポットライトでの転写／スムース

[ポリグループ]
マスクからポリグループ化／ポリグループを使ったマスク／境界をクリースエッジ化

[サブツール]
追加／名前変更／複製／削除／選択／順序入れ替え／表示、非表示

[ギズモ3D]
移動／スケール／回転

[ブラシ]
SnakeHook／sPolish／DamStandard／Pinch／背面マスク

Chapter 3 顔の制作

3-1 制作の前に

まずは球体からどのようなプランで顔を作成していくかをイメージしてみましょう。

3Dで顔を作成するときに初級者の方がやってしまいがちなのは、図3-1のように球体の中心に鼻を作成し、その上下に目と口をブラシでスカルプトしてしまうパターンです。

図3-1 顔のスカルプトの失敗例

個人的な方法になりますが、球体から顔を作成するときのコツは図3-2のように球体のおよそ1/4程度を使って顔を作成し、残りの3/4を頭蓋骨（頭部）として作成していく方法です。球体の形状を頭蓋骨として活用できるので比較的バランスの取りやすい方法かと思います。

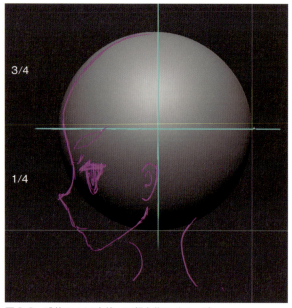

図3-2 球体の1/4を使って顔を作るイメージ

どんなものを作るにしても頭の中にイメージや形状の引き出しがないとなかなかうまくいきません。どういった形状を作るべきなのか、まずは頭にインプットすることが大切です。できればイラストや画像だけでなく、手元にフィギュアやガレージキットなどの参考資料を置いておくのが良いでしょう。また、なんとなく眺めるのではなく、分析する目線に変えて形状をじっくりと観察することが大切です。

3-1-1 マテリアルの変更

まずは［ライトボックス］から［Dynamesh_Sphere_128.ZPR］のプロジェクトを開きます。このプロジェクトデータでは［MatCap Gray］というマテリアルが設定されています。本書では［SkinShade4］にマテリアルを変更し、カラーを変更して作業を進めていきます。

左シェルフにあるマテリアルのアイコンをクリックしてマテリアルリストを開きます。続けて、マテリアルリスト上段の[Quick Pick]内にある[SkinShade4]を選択します。下段の[Standard Materials]内にも同じものがあるのでここから選択しても構いません（図3-3）。

図3-3 マテリアルを変更する

> **Memo** マテリアルの光沢について
>
> [MatCap Gray]のマテリアルは光沢が強く、作業していくうえで表面にできたちょっとした凸凹が気になってしまうことがあります。ケースバイケースではありますが、今回の作例のような小さいサイズのフィギュアでは、実はそこまで厳密に整える必要がなかったりもします。細部がどうしても気になってしまうという方は、あえて光沢の弱いマテリアルに変更することで微細な凹凸を隠してしまうのも一つの方法です。
>
> いくつか作品を完成させるとどこまで整えるのがベターなのかがわかるようになってきますので、まずは1体完成させることを目指しましょう。

3-1-2 カラーの変更

[SkinShade4]の白色だとまだ見にくいので色をほんのりつけましょう。
左シェルフのメインカラーの色を変更します（図3-4）。カラーの変更については「2-7-1 メッシュの色が変わってしまった」を参照してください。

ここでは粘土のような黄土色にしていますが、自分好みに設定していただいて構いません。

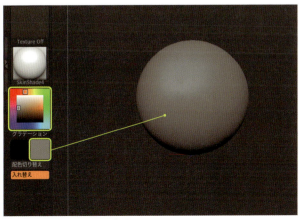

図3-4 メインカラーの変更

3-1-3 グリッドの表示

デフォルトでグリッドが表示されていますが、これは「床」という認識で大丈夫です。床だけだと前後方向がわからないため、「壁」のグリッドも表示させましょう。

右シェルフにある[フロア]ボタンの上部をよく見ると小さく「X Y Z」の表示があります。初期設定では[Y]のみオンになっているので、[X][Z]をクリック(小さいので押しづらいです)して他のグリッドも表示させます(図3-5)。

図3-5　フロアのX,Y,Zボタン

赤いグリッドが左側の壁(X)、青いグリッドが奥の壁(Z)、緑のグリッドが床(Y)に相当します。これでキャラクターの前後方向を容易に確認できるようになりました(図3-6)。

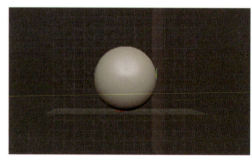

図3-6　フロアのX,Y,Zをオンにした状態

3-1-4 パースの設定

現在の状況だとパース(遠近法)が入った状態になっており、メッシュを左右に移動するとドキュメント端で歪んで見えてしまいます。

個人的に初期のベースモデル作成時はオフで作業するとこが多いです。オフにする場合は右シェルフの上の方に[パース]ボタン(Pキー)がありますので、ここをクリックしてオフにします(図3-7)。これで準備完了です。

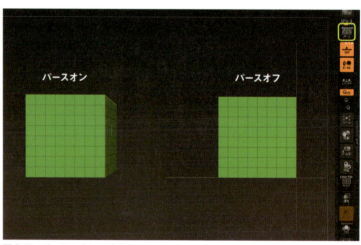

図3-7　パースのオン／オフ

3-1 制作の前に

> **Tips** 設定画をグリッドに貼り付ける

キャラクターの正面・側面などの設定画や三面図がある場合は、それらをグリッドに貼り付けて参照しながら作業することもできます。当作例の完成モデルから起こした画像「Alice_Front.jpg」および「Alice_Side.jpg」を付録データに用意しましたので、不安な方は次の方法でグリッドに貼り付けて進めていただくことをお勧めします（本書の作例解説画像では使用していませんのでご注意ください）。まずは正面の画像から貼り付けていきます。［ドロー→正面-背面→マップ1］をクリックしてテクスチャ（画像）リストを開きます。図3-8のようにリスト左下にある［インポート］から貼り付けたい画像（Alice_Front.jpg）を選択すると、グリッドに貼り付けることができます。同様に［ドロー→左-右→マップ1］にも側面画像（Alice_Side.jpg）をインポートします。

図3-8 グリッドに画像を貼り付ける

画像の位置やサイズを調整する場合は、［ドロー→正面-背面（左-右）］内の［スケール］で画像サイズ、［水平オフセット］で水平位置、［垂直オフセット］で垂直位置が調整できます。画像の方向が合っていない場合は［反転］を押すと左右反転できます（図3-9）。

正面図と側面図で同じ数値を入れたい場合は、スライダーをクリック後、数値部分が赤くなりますのでキーボードで直接数値を入力してEnterキーで決定します。

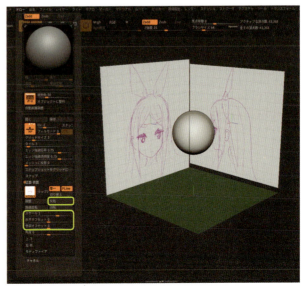

図3-9 グリッド画像の調整

Chapter 3 顔の制作

画像を貼り付けると自動的にメッシュが半透明になりますが、［ドロー→フィルモード］の数字を「1」に変更したほうが作業しやすいでしょう（図3-10）。［フィルモード］の各数字はそれぞれ次の表示モードを表しています。

0：画像非表示
1：半透明(薄)
2：半透明(濃)
3：メッシュの透過

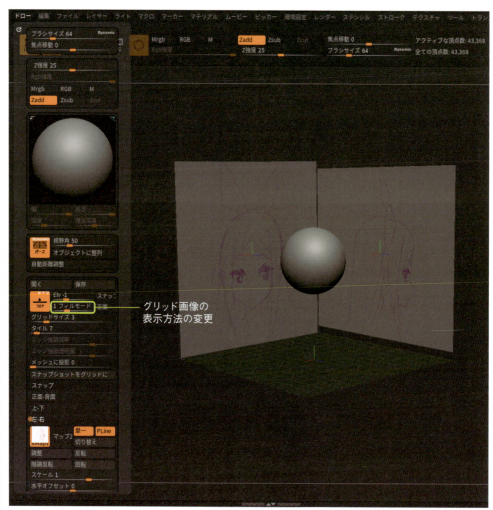

図3-10　グリッド画像の表示方法の変更

3-2 顔のベースモデル制作

アニメやイラスト系のモデルを作成する際はとにかく曲面を崩さないように作成していくことが重要です。そのためにブラシは主にMoveブラシを使用して作成していきます。
Moveブラシをうまく使うコツは「ブラシサイズを大きめにすること」「引っ張る方向を視点で決定すること」「ストロークの方向で変形具合を変えること」の3点で、これらが非常に重要になります。視点の角度やストローク角度、筆圧といった感覚的な部分は数値での指示ができないため、感覚がつかめるまで何度もトライしてみてください。

まずはキャラクターに似せることよりも、とにかく顔の形状を作ることを目標にベースモデルを作成していきましょう。また作業中はこまめに保存（Ctrl + S）しておきましょう。予期せぬエラーでフリーズしたり落ちることもあります。

3-2-1 ベースモデルの作成：顎

青と緑のグリッドが線で見える程度まで視点を動かしながらShiftキーを押して、図3-11のようにメッシュの真横からのビューに固定します。
次にブラシサイズを大きくしたMoveブラシで顎の大まかな形状を引き出します。ブラシサイズと引く方向は図3-11を参考にしてみてください。コツは大きめのブラシサイズで球体のシルエット部分からストロークを開始すること、また1回のストロークで引き伸ばすことです。
小さいブラシサイズで何回もストロークを重ねてしまうと表面が凸凹に荒れてしまい、きれいな曲面に整えるのに時間がかかってしまいます。一回でうまくいかない場合はCtrl＋Zキーで球体の状態まで戻り、ブラシサイズ、ストローク開始位置、方向などを少し変えて再度チャレンジしてみましょう。

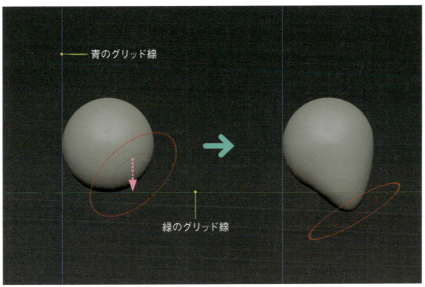

図3-11　顎の作成（真横からのビュー）

次は正面にカメラをセットします。正面に近い状態に視点を回転させながらShiftキーを押して真正面のビューに固定します。正面から見ると顎のラインがシャープになり過ぎているので整えていきます。

頬を膨らますように引っ張るのではなく、図3-12右の矢印のようにやや上の位置を斜め下にずらすように動かしてあげると一回できれいな顎のラインが出ます。

Chapter 3 顔の制作

このようにストロークの方向（引っ張るというより寄せるイメージ）で変化する形状をコントロールしていきます。ここでもうまくいくまでCtrl＋Zでひとつ前の段階に戻ってやり直してみてください。

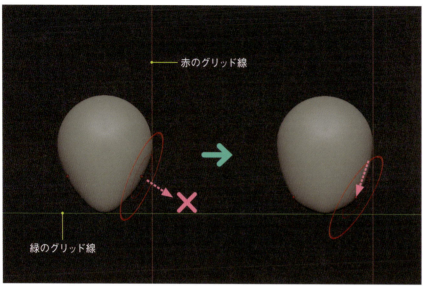

図3-12 頬ラインを正面から整える

> **Memo 立体把握について**
>
> 表面のツヤや陰影はあくまでZBrushが計算した表示でしかなく、実際の材質とも異なるためどのくらい凹凸がついているか、どのくらい丸みがあるか、などを正確に把握するにはZBrushでの作業・出力経験の積み重ねが必要になります。
>
> 意識するポイントとしては、メッシュの「シルエット」です。シルエットを見れば正確な凹凸を把握できるため、はじめのうちはとにかく意識的に視点を変えてシルエットを見るようにしましょう。

3-2-2 ベースモデルの作成：口のライン

次に横から見たときの鼻先～顎先にかけてのラインを作成していきます。先ほどよりややブラシサイズを下げたMoveブラシを使用して引っ張ります。鼻を作成するというよりも鼻先から顎先のライン（白の点線）を作っていくイメージです（図3-13）。

ブラシサイズが小さすぎたり、触る部分が顔の中央をつかめていなかったりすると、正面から見たときに2つ山ができてしまうので、その場合はCtrl＋Zキーで戻ってやり直すようにしましょう。メッシュの縁を引っ張るようにするとしっかり顔の中央を引っ張れるはずです。

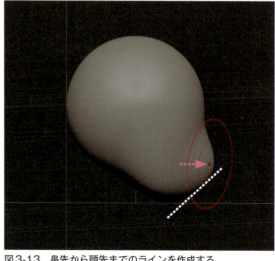

図3-13 鼻先から顎先までのラインを作成する

3-2-3 ベースモデルの作成：鼻

さらにサイズをやや小さくしたMoveブラシで鼻筋の曲線を整えていきます（図3-14）。押し込む方向とストローク量を少なめにするのが重要です。青矢印のストローク方向だと動かしたくない鼻から顎にかけてのライン（白い点線部分）が崩れてしまうため、ピンクの矢印方向にストロークするようにしましょう。

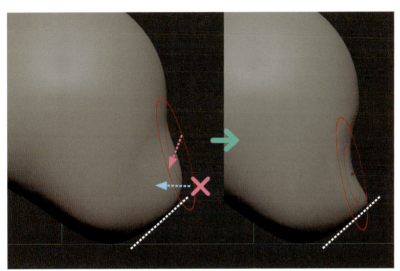

図3-14　鼻筋のカーブを作成

また、ブラシサイズが小さすぎたりストローク量が大きすぎると図3-15のように陥没したような形状になってしまいます。ストロークを1～2回に分けてシルエットに注意しながらくぼみができない程度に押し込むようにしましょう。

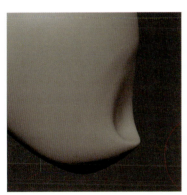

図3-15　一気に押し込み過ぎてしまった例

3-2-4 ダイナメッシュの更新

鼻の上あたりをワイヤーフレーム表示（Shit＋Fキー）で確認してみると、ポリゴンが伸ばされて広がっているのがわかるかと思います。こうなると表面がカクカクになってしまいきれいに作成できないため、「ダイナメッシュの更新」を行う必要があります。

メッシュにかからない位置でCtrlキーを押したままドキュメント上をドラッグしてペン先を離します。その後ワイヤーフレームを確認してみると、先ほどまで伸びていたポリゴンが細かくなっているはずです。これが「ダイナメッシュの更新」の操作です（図3-16）。

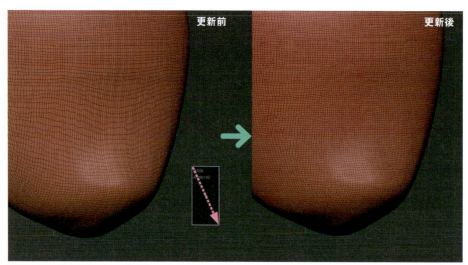

図3-16 ダイナメッシュの更新

この操作で更新されない場合は、[ツール→ジオメトリ→ダイナメッシュ]の[ダイナメッシュ]ボタンがオンになっているかどうかを確認してみてください。ダイナメッシュモードがオンのときのみ、このポリゴンの再構築が可能です。
※[Dynamesh_Sphere_128.ZPR]のプロジェクトではデフォルトでオンになっています。

更新後にShiftキーを押しながらストロークして表面に軽くスムースをかけておくと良いでしょう。

3-2-5 ベースモデルの作成：鼻先

正面や上から確認してみると、鼻が横に広がっているのがわかります。シンメトリ設定がオンの状態で中心に向かってMoveブラシで寄せてあげると尖らすことができます（図3-17）。

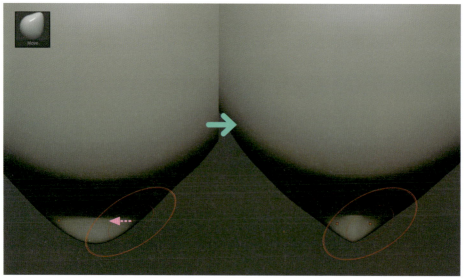

図3-17 Moveブラシで中心に寄せる動作

3-2-6 影の表示設定

初期設定では下側に真っ黒の影が落ちる表示になっており、作業する上で見にくい箇所（股下、脇、顎下など）が出てきます。

[レンダー→レンダー設定]の[影]ボタンをオフにすることで、影の表示をオフにすることができます。基本的に作業中はオフにしています（図3-18）。

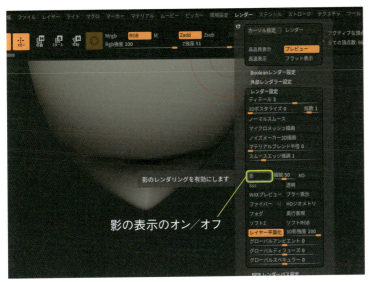

図3-18　影の表示をオフにする

3-2-7 ベースモデルの作成：顎の先端

鼻先を中心に寄せる方法と同じ要領で正面から見たときの顎先をシャープにします（図3-19）。そしてこのあたりの段階で顔の方向ははっきりわかるようになっているので、[ドロー→フロア]ボタン（Shift＋Pキー）でグリッドの表示をオフにしてしまっても構いません。

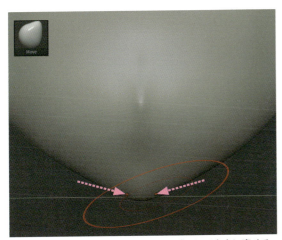

図3-19　正面から顎の先端をMoveブラシで中央に寄せる

顎を横から見たときのラインについては中央に寄せる方法が使えないので、図3-20のように先端に向かって斜めにストロークすることで、口のラインの壁（図内の白い点線）に押し付けるようにして作成します。

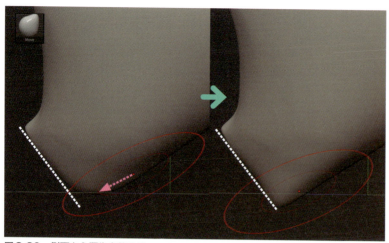

図3-20　側面から顎先を整える

この段階で表面になるべく細かい凹凸を出さないのが理想ですが、多少の凹凸であればSmoothブラシで整えてしまって構いません。ただし、せっかく作成した鼻や顎の先端の形状までスムースがかからないようブラシサイズを小さくすることを忘れないようにしましょう。

3-2-8 ベースモデルの作成：顎・エラのライン

脊椎につながる後頭部と頭蓋骨の平らな形状を作成していきます。左右にかけて広い範囲の編集になるため必然的にブラシサイズも大きくなりますが、その場合編集したくない顔前方まで影響を受けてしまいます。こういったケースでは「マスク」機能を使って動かしたくない場所を保護してから作業します。

Ctrlキーを押し続けている間は「MaskPenブラシ」に切り替わり、そのままドキュメント上をドラッグすると黒枠が表示されます。この黒枠でメッシュを範囲（矩形）選択すると、選択された領域がマスクされた状態になります。視点を横方向に固定し、顔前面を覆うようにマスクをかけます（図3-21）。さらに、マスクをかけた状態でCtrlキーを押したままメッシュをクリックするとマスクの境界線がぼやけます。ここでは10回ほどクリックしてぼかす境界の範囲を広げます。

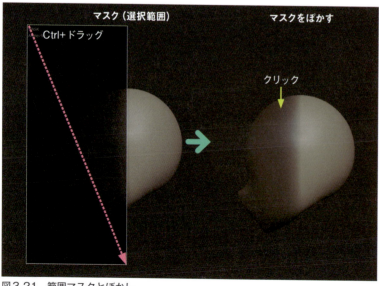

図3-21　範囲マスクとぼかし

ぼかしたマスクの境界あたりからMoveブラシを使って上に押し込みます。1回のストロークではなく、「小さいストロークで開始地点を少しずつずらしながら2～3回に分けて押し込む」→「押し込んでくぼんでしまった箇所を逆に引っ張る」を繰り返して平らにしていきます（図3-22）。

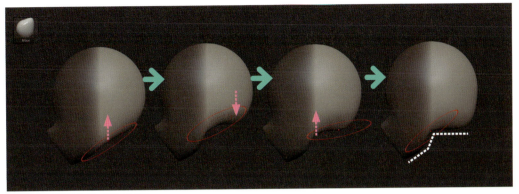

図3-22　顎のラインを作成する

この平らな面を作ることで、横から見たときに顎からエラのラインが自然と作成されます。多少凹凸が出てきてしまっても、ここは最終的に首との接合部になるので気にしないでおきます。ここでは顎・エラのラインを出すことに集中しましょう。

作業が終わったら、メッシュにかからない位置でCtrl＋ドラッグしてマスクを解除します（図3-23）。

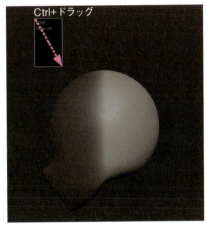

図3-23　マスクの解除

Tips　範囲マスクの形状を変更する

指定したマスク領域の形状を変えることもできます。
Ctrlキーを押したまま画面左上のブラシアイコンをクリックするとマスクリストが開くので、その中からブラシを選択します。良く使うのはデフォルトの[MaskPen]ですが、他にも[MaskLasso]（投げ縄）が使いやすいです（図3-24）。

図3-24　[MaskLasso]ブラシの使用例

3-2-9 ベースモデルの作成：調整

ここまでのステップで顎と鼻を作成できたので、それぞれの位置関係など全体の調整を行いましょう。先に顎・鼻などの形状をざっくりと作成しておき、後から位置やバランスを簡単に調整できるのがZBrushの強みです。ここでは以下のような調整を行います。

- 鼻先から顎先のラインの角度を立てる
- 頭身低めのデフォルメなので、鼻の位置を下げる

立体化したときはたいてい上方向からライトが当たることになるため、鼻先から顎先のライン（青線）が寝ていると口元に影ができてしまい青ヒゲが生えたように見えてしまいます。目の位置あたり（白点線）まで前に出して口のラインを立てておきます（図3-25）。

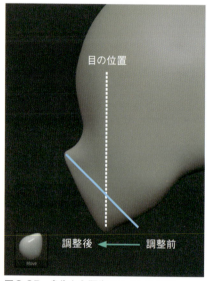

図3-25　鼻先から顎先のラインの調整

さらに、鼻の位置がやや高いので下げておきます。これは目の位置を確保するための意図もあります（図3-26）。

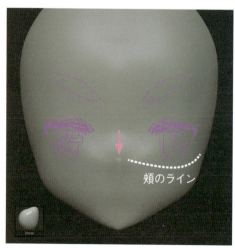

図3-26　鼻の位置を少し下げる

このあたりまでで正面、側面のシルエットは形状が取れてきましたが、まだ斜めから見たときの「おでこ」「目尻」「頬」の形状が取れていません（図3-27）。

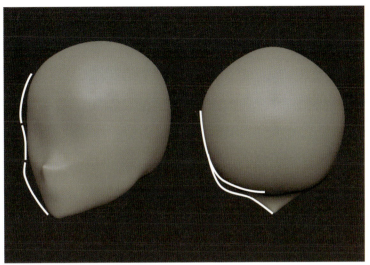

図3-27　不足している顔のライン

3-2-10 ベースモデルの作成：頬

ふっくらとした頬のラインを作成していきます。視点を真横にしてブラシサイズを頬全体にかかる程度に変更し、頬を前方（横視点なので図では右方向）に引っ張り出します（図3-28）。
小さいストロークで数回に分けて動かしても良いでしょう。真横視点で引っ張ることで正面からみた顎のラインが崩れないように変形できます。またブラシサイズが適正であれば横から見たときの鼻・口のラインもキープできると思います。

とにかくブラシサイズと引っ張る位置が重要（側面ではなく顔正面部分を前方に押し出す）なので、鼻や口のラインが歪んでしまったり、丸く膨らまないなどうまくいかない場合には、Ctrl＋Zキーで戻ってからブラシサイズとストローク開始位置を変更して再トライしてみてください。

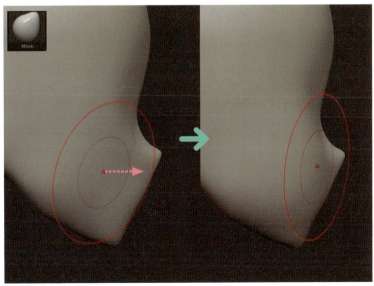

図3-28　頬を引っ張る

3-2-11 ベースモデルの作成：フェイスライン

前のステップと同じような感覚で、目尻・おでこ部分を前方（横視点なので図3-29では右方向）に引っ張ってフェイスラインを整えます。

おでこは頬と同じような感覚で膨らませていきます。目尻については目の部分をなるべくフラットにしたいので、ストローク開始位置をやや後ろ（側頭部）寄りにして前方にスライドさせることで目尻のみを立たせるようにします（図ではイメージしやすいように断面形状を載せました）。

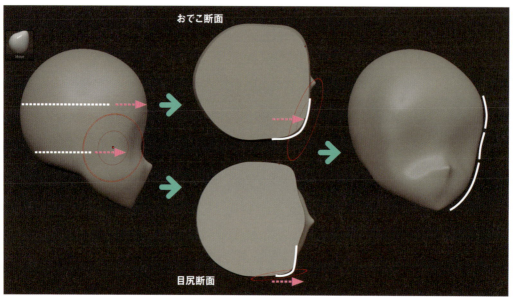

図3-29　目尻とおでこの作成

ClayブラシとsPolishブラシの活用

凸部分の高さを微調整する際にClayブラシおよびsPolishブラシを使用することで、斜めの角度からシルエットを見ながら盛ったり削ったりすることができます。どちらのブラシも筆圧を弱く使うことで微調整に使用します。

- Clayブラシ：ブラシの強さを下げて使用することで、滑らかに表面を盛り上げることができます。曲面をほんの少し盛り上げたいときは[Z強度]を10～15程度に下げて使用すると良いです。

- sPolishブラシ：凸部分をなだらかにする効果があります。頬やおでこ、顎のラインをほんの少し削りたいときなどに使用します。Smoothブラシは曲率の大きさ（なだらかor急角度）によって強さが変化しますが、sPolishブラシはどこでも同じような感覚で削れるため形状の調整がしやすいブラシです。荒れた表面を整える場合はSmoothブラシ、シルエットを微調整する場合はsPolishといった使い分けができます。

奥側の頬やおでこのシルエットを見ながら手前でストロークすることで、シルエットを確認しながらの調整ができます。斜め視点での凹凸の調整はClayおよびsPolishブラシ（図3-30左）、正面・真横視点でのシルエット調整はMoveブラシを使ってフェイスラインを整えます（図3-30右）。

3-2 顔のベースモデル制作

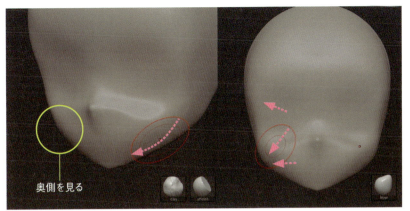

図3-30 ClayブラシとsPolishブラシ

3-2-12 ベースモデルの作成：耳

次はマスクを使って耳を作成していきます。まずはMaskPenブラシ（Ctrl＋ストローク）を使って耳の大まかな位置をペイントします。次に、不要なマスク部分をCtrl＋Alt＋ストロークで消しながら丁寧に耳の形を描いていきます（図3-31）。

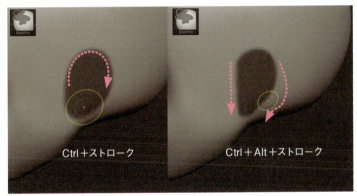

図3-31 マスクをペイントする

3-2-13 マスクの反転

ドキュメント上の空きスペースをCtrl＋クリックすると、マスクの領域を反転することができます（図3-32）。

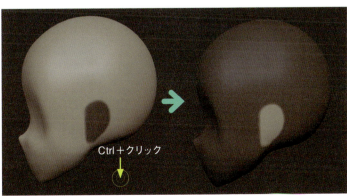

図3-32 マスクを反転

Chapter 3 顔の制作

マスクを反転させたあと、Moveブラシで後ろから耳の外側を引っ張るように引き出します(図3-33)。

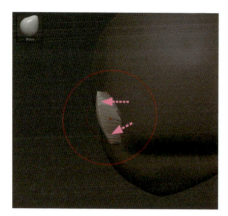

図3-33 耳を引き出す

マスクはまだ解除せずに、耳の前方にできてしまった段差をsPolishブラシやSmoothブラシを使って馴染ませます。正面から見た耳のシルエットや内側のへこみもMoveブラシを使って整えます(図3-34)。

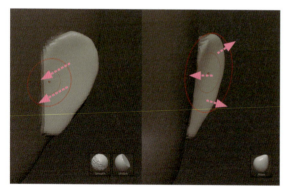

図3-34 耳の形状を整える

このままマスクを反転し、耳の裏側のくぼんだ部分をMoveブラシで押し込むようにして作成します(図3-35)。終わったらCtrl+ドラッグでマスクを解除しておきます。

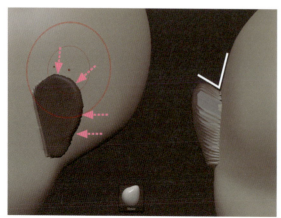

図3-35 耳の裏側を押し込む

Memo マスクの活用

ZBrushのブラシは基本的に「円形」です。そのままではスカルプトできる形状が限定されてしまいますが、マスク機能を使うことで円形ではない形状でも簡単にスカルプトすることができます。マスク機能はCtrlキーでどのブラシからでもすぐに使用できるようになっているのでどんどん活用していきましょう。
ただし、マスクは一旦解除してしまうと基本的に再選択することができません。解除する前に必要な作業をすべて完了させておくようにしましょう。

3-2-14 ダイナメッシュの解像度

Moveブラシで大きく引っ張ったせいで耳の裏側のポリゴンが伸びてしまい、表面がガタガタになってしまっています。[ツール→ジオメトリ→ダイナメッシュ]の[解像度]を300程度に変更してからCtrl＋ドラッグでダイナメッシュの更新を行います。

その後、荒れてしまった耳の裏側やその周囲をSmoothブラシで整えます（図3-36）。

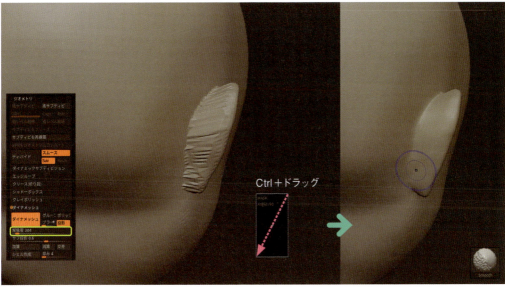

図3-36　ダイナメッシュの解像度を上げて整える

Tips ダイナメッシュの解像度について

ダイナメッシュの[解像度]の値を上げる（最大4096）ことでポリゴン数を増やすことができます。
メリットはより細かいディテールを彫り込むことができる点ですが、デメリットとしてPCのスペックによっては動作が重くなったり、ポリゴン数が増えることでSmoothブラシがかかりにくくなったりします。
試しに[解像度]を1000程度にしてダイナメッシュを更新し、耳の裏側の凸凹にSmoothブラシをかけてみると、スムースがかかりにくいことを実感できると思います。
ベースモデルであれば200～300程度で十分です。スムースがかかりにくくなることを考慮し、作り込み具合に応じて徐々に上げていくことをおすすめします。
また解像度を上げてダイナメッシュを更新してもメッシュの細かさが変わらない場合は、メッシュ形状を少しでよいので変更してからダイナメッシュを更新してみてください。

3-2-15 マスクを使ったモデリング・位置調整

耳の形状ができたら位置を調整していきます。耳の周囲にマスクをかけた後、マスクを反転し、図3-37（左）ようなマスクを作成します。その後、Ctrlキーを押したままメッシュ上をクリックしてマスクの境界線をぼかします。クリックするたびにぼかしが強くなるので、ここでは10回程度クリックして大きくぼかします。

マスクをぼかすことで、Moveブラシで位置を変更したときに急激な段差ができるのを防ぐことができ、きれいに調整することができます。

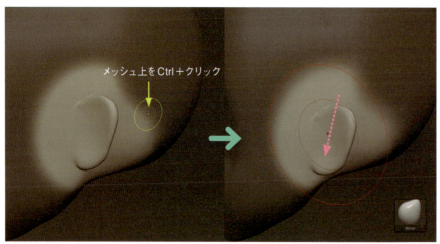

図3-37　耳の位置を調整

ここまでのモデリング作業で、図3-38のような顔のベース形状ができました（Sample Data：Ch03_01.zpr）。

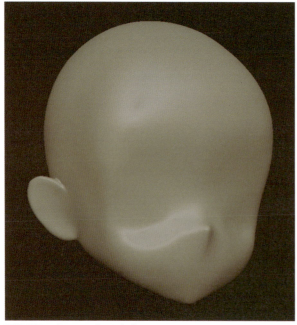

図3-38　ベースモデルの完成

> Tips　クイックセーブ

初期設定では20分に1回、操作していないと5分に一回自動的に保存されるようになっています。作業しているデータとは別のデータとして最大10個まで保存されています。

突然のフリーズで保存できずに落ちてしまった場合などは、[ライトボックス→クイックセーブ]から自動保存されているデータをダブルクリックして開いてみましょう（図3-39）。元に戻す場合（起動後のライトボックス内の表示）は、[ライトボックス→プロジェクト]をクリックします。

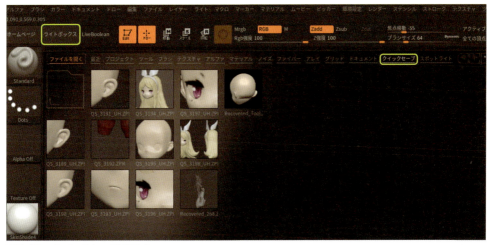

図3-39　クイックセーブを開く

3-3 顔のペイント

顔はキャラクターモデル制作で非常に重要なポイントです。この箇所の出来次第で最終的な仕上がりが決まると言っても過言ではありません。

アニメ系のような目の大きい造形の場合は、形状だけを見ると宇宙人（グレイ）のような見た目になります。そのため目も眉も髪もない状態で形を修正し続けても、慣れないうちは形状が良くなっているかどうかがわからなかったりもします。

ベースモデルが終わった段階で早めに目を描いてみると良いでしょう。目のペイントひとつで大きく印象が変わるので、形状の把握もしやすくなります（図3-40）。

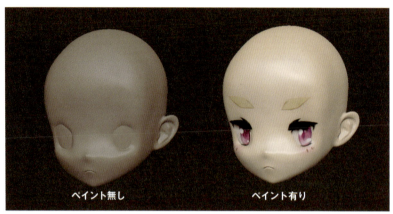

図3-40　同モデルでのペイントの有無

3-3-1 ポリペイントの表示

それでは実際にペイントしていきましょう。ZBrushでは「ポリペイント」という機能を使うことで簡単にメッシュ上にペイントすることができます。

［ツール→サブツール］をクリックして［サブツール］のサブパレットを展開します。そのサブツール群の右側に「筆」のようなアイコンがありますので、これをオンにしてポリペイントを表示します（図3-41）。顔が白くなったと思いますが、これはデフォルトで「白」がペイントされているためです。

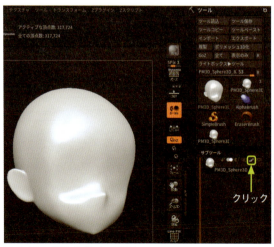

図3-41　ポリペイントの表示

> **Tips　ポリペイントとメインカラー**
>
> ポリペイント表示がオフのときは、「マテリアル＋メインカラー」が表示されます。ポリペイント表示がオンのときは「マテリアル＋ポリペイント」が表示されます。
> マテリアルが［SkinShade4］のような白いマテリアルでないと正しい色が表示されません。マテリアルについては「3-1-1 マテリアルの変更」を参照してください。

3-3 顔のペイント

3-3-2 ポリペイントの塗りつぶし

[カラー]にあるカラーチャートから肌色を選択します。その後[カラー→FillObject]でメッシュ全体をメインカラーで塗りつぶします（図3-42）。

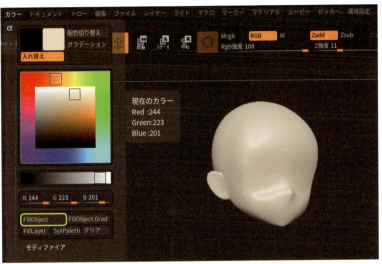

図3-42 ポリペイントの塗りつぶし

3-3-3 ポリペイントで目を描く

ポリペイントは「Paint ブラシ」を使って描くことができます。
ブラシリストからPaint ブラシを選択し、Vキーを押してメインカラーを「黒」、サブカラーを「肌色」に入れ替えたら、メインカラー（黒）で目をペイントしていきます。Altキーを押しながらストロークするとサブカラー（左側）の色で塗ることができるので、細い線やシャープなラインにしたいときはサブカラーを消しゴムのように使用して調整します（図3-43）。また、欲しい色の上にカーソルを合わせてCキーを押すと色を拾うことができるので、この機能も適宜活用してください。

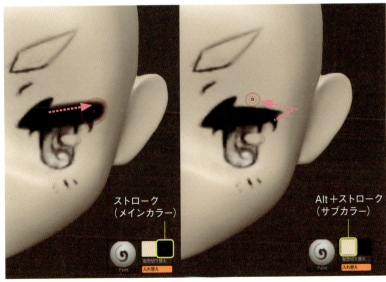

図3-43 ポリペイントで目を描く

3-3-4 ペイント後に形状を確認

正面から描けたら、横・斜めから見たときの形状を確認します（図3-44）。おそらく、この段階で完璧な形状ができていることはほとんどないと思います。

左図（真横）では目の下側の形状に歪みがみられ、右図（斜め）では顔のラインがきつく歪んでしまっているのがわかります。原因としては、目の部分がくぼんでしまっていたり、目尻の部分が後ろに下がり過ぎてしまっているパターンや、逆に頬・おでこが出過ぎてしまっているパターンもあるので臨機応変に対応します。おでこ、目尻のライン、頬の凹凸のバランスを見て、どこを修正すべきか判断しましょう（このモデルの修正作業についてはこの後順を追って解説していきます）。

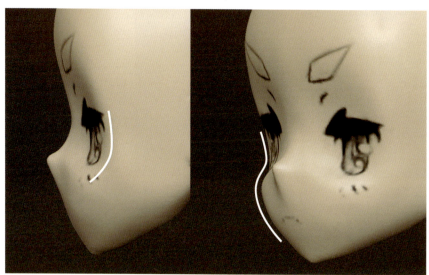

図3-44　目・フェイスラインの歪み

> **Tips　ポリペイントの解像度**
>
> ポリペイントはメッシュの頂点に色を塗るという概念です。なのでポリペイントの解像度はメッシュのポリゴン数に比例します。ポリゴン数が多ければ多いほどきれいなペイントが可能になります。逆にポリゴン数が少ないとぼやけたペイントになってしまいます。
> ぼやけてしまう場合は「3-2-14 ダイナメッシュの解像度」を参照してポリゴン数を少し上げてみてください。

3-4 ペイントの転写

ポリペイントを描くことで顔の形状がなんとなく見えてきたかと思います。それをもとに顔の造形の見直し、修正を重ねて少しずつクオリティを上げていきましょう。

ポリペイント後に形状の修正を行うと、せっかくポリペイントで描いた目もどんどん歪んでいきます。イラストで描かれたキャラクターに似せる作業はひたすら調整の繰り返しになりますが、形状修正のたびにポリペイントを描き直すのは非常に面倒なので、ついついこれでいいかと妥協してしまいがちです。その面倒な工程がなくなるだけで調整作業がぐっと楽になりクオリティを詰めることができます。ここでは一回描いたペイントを即座に転写する方法を紹介します。

ただし、転写はこれまでの作業よりも少し複雑なため、もし難しいと感じたらスキップしてしまっても問題ありません。その場合は「3-5 髪の毛のラフモデル作成」に進んでみてください。

3-4-1 タイムラインの表示

ペイントを転写する際に位置がずれないように視点の位置を記録させておきます。[ムービー→タイムライン→表示]ボタンをオンにして、シェルフ上段にタイムラインを表示させます（図3-45）。

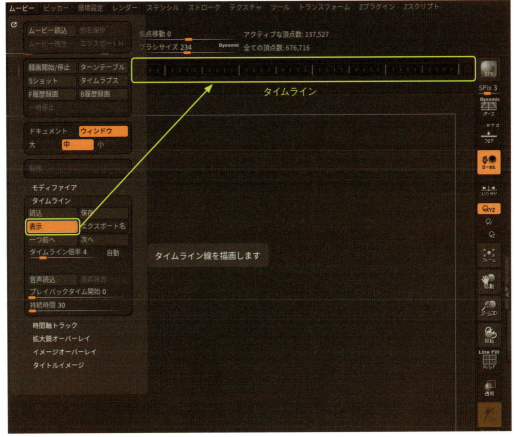

図3-45　タイムラインの表示

Chapter 3 顔の制作

3-4-2 視点の位置を記録

まずは真正面からの視点にし、ドキュメントに転写したい部分が収まるように表示を拡大します（図3-46）。

図3-46 視点を決める

タイムラインの目盛り部分をクリックするとオレンジ色の点が作成され、今の視点の位置が記録されます（図3-47）。
これで視点を変えてもタイムラインのスライダー部分をクリックすれば記録させた位置に視点を戻すことができます。間違えて点を作ってしまった場合は、タイムラインの外に向かってドラッグ＆ドロップすることで削除できます。

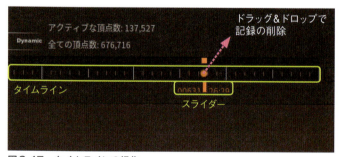

図3-47 タイムラインの操作

3-4-3 フラット表示

［レンダー→フラット表示］ボタンをオンにして表示をポリペイントのみの状態にします（図3-48）。陰影がついたまま保存してしまうと転写時に陰影までペイントされてしまうためです。普段の表示に戻す場合は［プレビュー］を選択します。

図3-48 フラット表示に切り替え

3-4-4 ドキュメントの画像保存

[ドキュメント→エクスポート]ボタンをクリックしてドキュメントを画像として保存します（図3-49）。名前を付けて任意の場所を指定してください。形式は[jpg]にしておきましょう。

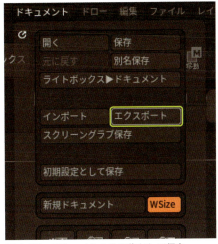

図3-49　ドキュメントを画像として保存

[jpg]を選択すると、保存する前に画像調整ができるようになっています。四隅にある赤い円をドラッグするとトリミングが可能です。転写時に見やすくするためにここでは左右の余白部分をトリミングしています（図3-50）。トリミングできたら中央下部の[OK]ボタンを押して保存します。

図3-50　画像のトリミング

> **Memo　画像の保存ができない場合**
>
> ZBrush4R8から日本語対応になりましたが、保存先のフォルダ名に日本語（全角）が使われていると[OK]を押しても画像が保存できない不具合があります（2018年2月時点の情報）。アップデートで修正されるまでは、フォルダ名はローマ字（半角英数字）で付けるようにしましょう。

3-4-5 転写用に画像を読み込む

[テクスチャ→インポート]から先ほど保存した画像を読み込みます。先ほど保存した場所を指定し、[開く]でZBrush内に読み込みます（図3-51）。

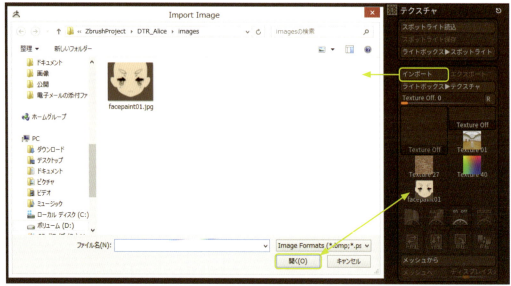

図3-51　テクスチャの読み込み

[テクスチャ]内のテクスチャリストから、先ほど読み込んだ画像のアイコンをクリックして選択します。選択すると大きいアイコンになります。
その状態で[スポットライトへ追加]ボタンを押して画像を転写用に登録します（図3-51）。

このボタンを押すと自動的に「スポットライト」と呼ばれる画像を転写するモードへ移行します。その際にライトボックスが開かれ、ここからさらに画像を読み込むこともできますが、今は使わないので[ライトボックス]ボタンを押して閉じておきます。

図3-52　テクスチャ選択後、スポットライトへ追加

3-4-6 転写する画像を調整する

ドキュメント上に読み込んだ画像とダイヤルが表示がされていると思います。この状態は転写する画像の位置やサイズなどを調整するモードになります。

まずはタイムラインのスライダー部分をクリックして記録した視点に戻します。
視点を戻したらダイヤル内側（図内の赤色部分）をドラッグして画像の位置を調整します（図3-53）。

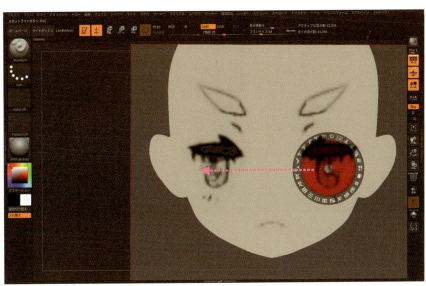

図3-53　画像の位置調整

ダイヤルの周囲には各種画像調整機能のアイコンが並んでおり、アイコンをドラッグしてダイヤルを回転させることで画像を調整することができます。
ダイヤルの［スケール］アイコンをドラッグして画像の大きさを調整します（図3-54）。図では説明のためメッシュを消していますが、メッシュへ重なるように画像の位置・大きさを合わせてください。

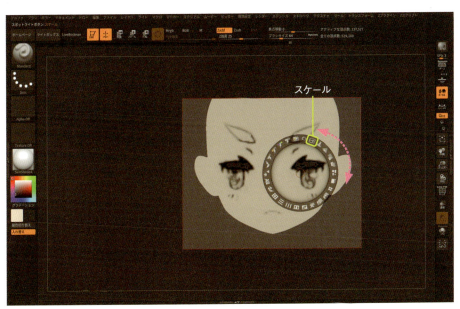

図3-54　画像のスケール調整

3-4-7 ポリペイントを転写する

位置・スケール調整でメッシュと画像を重ねることができたら、「Zキー」を押して転写モードに移行します。ダイヤル表示が消えるのが目印です。
転写モードでPaintブラシを使って転写したい箇所をストロークすると下のメッシュに転写されます（図3-55）。

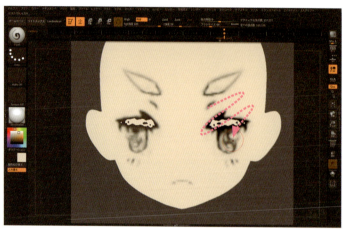

図3-55　ペイントの転写

「Shift＋Zキー」でスポットライトモードから普段の画面に戻れます。画像の「黒（RGB＝0，0，0）」の部分はZBrushでは「透明」と認識されるため塗られていない場合があります。この場合はPaintブラシであとから黒を塗ってください。

このスポットライトによる転写を使うことで、形状を修正してペイントが歪んでしまっても簡単にペイントを復帰することができます。

> **Tips　スポットライトのモード切替**
>
> スポットライトには「調整するモード（ダイヤル有り）」と「転写するモード（ダイヤル無し）」の2つのモードがあります。
> 一度テクスチャを［スポットライトへ追加］すれば、いつでもZキー、もしくはShift＋Zキーでスポットライトへ切り替えることができます。それぞれ調整モード／転写モードへ移行します（図3-56）。
> ただしスポットライトにテクスチャが登録されていない場合はショートカットキーを押しても切替わりません。
>
>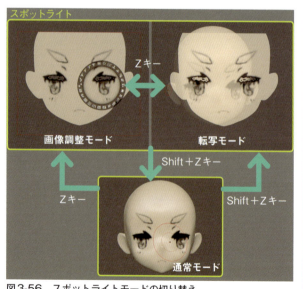
>
> 図3-56　スポットライトモードの切り替え

3-4-8 ポリペイントを見ながら形状を修正する

目の部分のフラットな形状を作成するには、正面から見て低くなっている部分（ここでは目の中央あたり）をスライドさせて広げていくようにします（図3-57）。
ポリペイントで形状が見づらい場合は表示をオフにして作業してください。形状修正後はペイントも伸びてしまっていますが、スポットライトを使って転写することですぐに復帰することができます。

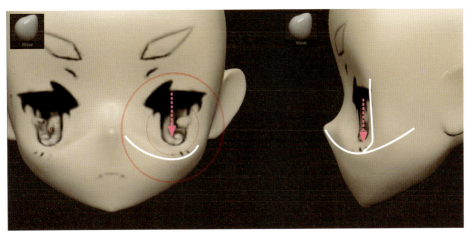

図3-57　低い部分を広げてフラットな面を作成

3-4-9　Smoothブラシでポリペイントが滲まないようにする

ポリペイントの上からSmoothブラシでストロークすると、形状と同時にポリペイントにもスムースがかかって滲んでしまいます。Shiftキーを押したまま（Smoothブラシに切り替えたまま）[RGB]ボタンをクリックしオフにすることで、ポリペイントにスムースがかからないようにできます（図3-58）。

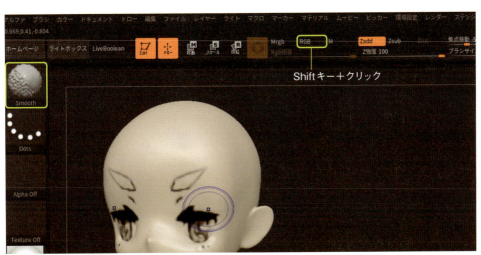

図3-58　Smoothブラシをポリペイントにかからないように設定する

目尻の部分については「3-2-11 ベースモデルの作成：フェイスライン」の作業を参考にしてください。形状修正→転写→形状修正→転写…を繰り返し、図3-59のようになるまで徐々に形を整えていきます（Sample Data：Ch03_02.zpr）。

Chapter 3 顔の制作

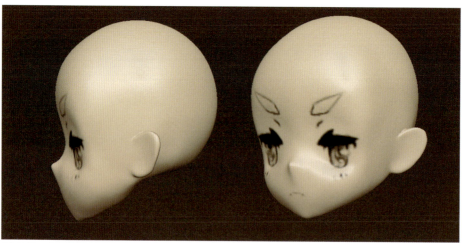

図3-59 転写を繰り返して修正した顔モデル

イラストなどのキャラクターに似せる場合は数ミリ単位で目の位置・大きさを根気よく調整する必要があるので、スポットライトを使った転写を活用すると良いでしょう。またネットで拾った画像や他の2Dソフトで描いた画像をスポットライトへ登録・転写することも可能です。

> **Tips** スポットライトの画像をブラシに固定する
>
> スポットライトの調整モードで、次の手順を実行します。
>
> ❶ダイヤルの位置を目の中心に合わせる(中央オレンジ円をドラッグ)
> ❷ダイヤル右上あたりにある「スポットライトをピン」をクリックしてオンにする
> ❸スポットライトの「スポットライト半径」をドラッグして少し大きくする
>
> この状態でZキーを押して転写モードに切り替えると、ブラシに目の画像がついてくるようになります。これを利用して目のペイント位置の微調整を行うことができます(図3-60)。

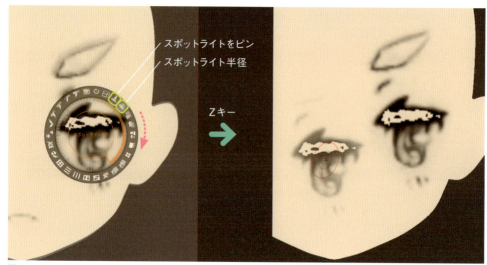

図3-60 スポットライトをブラシに固定する

3-5 髪の毛のラフモデル作成

キャラクターモデルにおいて、目と同じくらい見た目に影響するのが「髪の毛（髪型）」です。そのため、目のペイントと同じくらいのタイミングで髪の毛のラフモデルも作成していきます。もう1つ個人的な理由を挙げるなら、坊主頭でモデリングし続けるのはなかなかモチベーションが上がらないという点も大きかったりします。

最終的には別の手法で作り直すので、ここで作成するのはあくまでもざっくりとした「ラフモデル」ということだけ念頭においておきましょう。

3-5-1 サブツールの追加

[ツール→サブツール→アペンド（もしくは挿入のどちらでも可）]で2個目のメッシュを追加します。ツールリストが開きますので、[Sphere3D]を選択してサブツールに追加します（図3-61）。

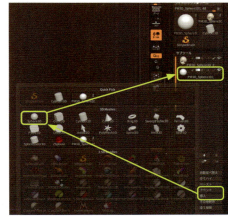

図3-61　サブツールを追加

Tips　サブツール

[サブツール]パレットでは、顔、髪の毛、服といった各パーツを管理していきます。今後良く使う場所なので各機能をまとめておきます（図3-62）。また各機能の詳細については作例を追いながら解説していきます。

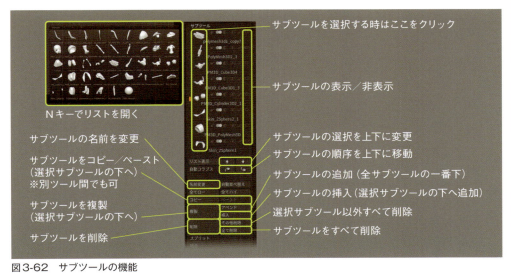

図3-62　サブツールの機能

3-5-2 モードの切り替え

ZBrushでは編集したいサブツールをあらかじめ選択しておく必要があるため、先ほど追加したサブツール（球体）のサムネイルをクリックして選択します。

この球体の位置とサイズを合わせて作りやすい位置に調整するため、まずは上シェルフにある[移動]ボタンをクリックして移動モード（Wキー）に切り替えます。移動モードに切り替わるとメッシュ上に「ギズモ3D」が表示され、このギズモ3Dを使った編集が可能になります（図3-63）。ブラシを使った編集（ドローモード）へ戻すには、「ドロー」ボタン（Qキー）を押します。

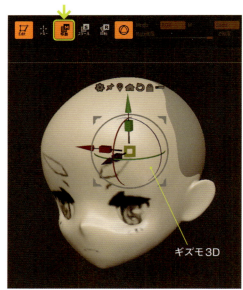

図3-63　移動モードにしてギズモ3Dを表示させる

3-5-3 ギズモ3Dを使った移動・スケール・回転

さっそく調整に入っていきたいところですが、その前にギズモ3Dの基本操作「移動」「スケール」「回転」について簡単に説明していきます（ここでは見やすいように[Allow3D]を使って説明します）。

移動は、赤・青・緑の「三角（矢印）」をドラッグすると各軸の方向に移動します。また4隅にある「白い枠」をドラッグするとカメラに対して水平に移動（スクリーン移動）します（図3-64）。スクリーン移動は斜めからの視点で使うと左右の中心からずれてしまうので注意しましょう。

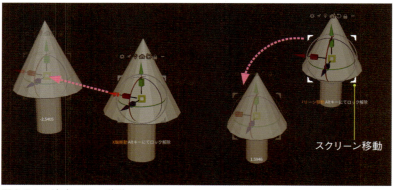

図3-64　ギズモ3D－移動

スケールは、赤・青・緑の「四角（ボックス）」をドラッグすると各軸の方向に伸縮します。また、中央の「黄色い枠」をドラッグすると全体の拡縮が行えます（図3-65）。

図3-65　ギズモ3D－スケール

回転は、赤、青、緑の「円」をドラッグすると各軸の方向に回転します。外側の「白い円」はカメラ方向に対して捻るような回転（スクリーン回転）になります（図3-66）。

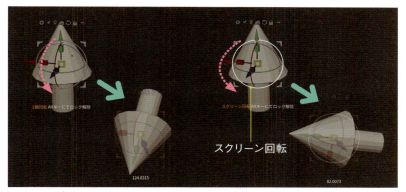

図3-66　ギズモ3D－回転

ここでは、「移動」と「スケール」を使って、先ほど追加した球体を作業しやすい位置・サイズに変更しておきます（図3-67）。移動させる際にシンメトリの中心からずれないように注意してください。ずれてしまうとシンメトリが効かなくなってしまって左右同時に編集することができなくなってしまいます。スクリーン移動は視点を真横などに固定したときのみ使うようにしましょう。

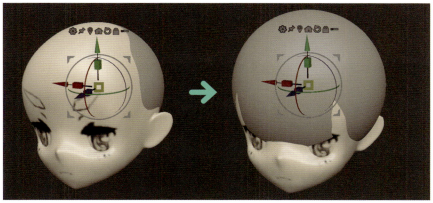

図3-67　ギズモ3Dを使って位置・サイズを変更

特に操作を間違えなければギズモ3Dの位置は球の中心に表示され、矢印の方向は水平・垂直を指しているはずですが、なにかの拍子でこのギズモの位置や方向がずれてしまうことがあります。ギズモのリセット方法については、次のChapter（「4-4-9 ギズモ3Dの位置のリセット」「4-4-10 ギズモ3Dの方位のリセット」）で詳しく説明しています。

3-5-4 パースの視野角設定

ベースモデル作成ではオフにしていたパースの設定を再びオンにします。オンにしたら［ドロー→視野角］の値を80〜90前後に変更しておきます（図3-68）。パースの設定については「3-1-4 パースの設定」を参照してください。

図3-68　パースの視野角設定

今後はなるべくオンの状態にしておき、シンメトリの作業をするときなど真正面・真横の視点にしたい場合は適時オフにするようにしましょう。またその際オンに戻すのを忘れないように注意しましょう。

Memo　視野角の設定について

視野角の値を下げると望遠レンズのようになり歪みが無くなっていきます。逆に上げると広角レンズのようになり画面端の歪みが強くなります（図3-69）。

「人間の眼は実際のレンズと比べて〜以下略…」など理論もありますが、図左側の値（視野角：30）では歪みが弱く、図右側の値（視野角：180）では歪みが強くなります。作例では視野角：80〜90前後に設定しましたが、この値は自分の経験やデジタル原型を作成している方のお話を聞いた中で、モニターと実物を見比べたときに差異が少ないと感じた値です。

また、この値は実際フィギュアを手に取って顔を近づけて見たときを想定して設定しています。たいていはフィギュアの顔付近に視線の高さを合わせて見ると思うのですが、その場合下半身のほうは見下ろす形になり必然的に歪みが強く出るため、ZBrush上でも強めの設定にしています。

図3-69　視野角による見え方の違い

3-5-5 SnakeHookブラシを使ったラフモデルの作成

球体のサブツールの位置・サイズの調整を終えたら、SnakeHookブラシを使ってラフを作成していきます（図3-70）。視点およびブラシサイズを変えながら作成していきましょう。

SnakeHookブラシはMoveブラシと同じような感覚で使うことができ、使い方のコツなども同様です。とにかくブラシサイズは大きめで使っていきます。
Moveブラシとの違いとしてはストロークに対して素直に追従する点です。個人的にはMoveブラシよりもこちらのブラシのほうが好みなのでよく使っていますが、使いやすい方で構いません。

図3-70　SnakeHookブラシでベースモデルを作成

形状を伸ばしていくとポリゴンがガタガタになってくるので、ダイナメッシュをオンにしてポリゴンを更新します。[ツール→サブツール→ジオメトリ→ダイナメッシュ→ダイナメッシュ]をオンにします（図3-71）。一回オンにすればこの後はダイナメッシュの更新の操作（Ctrl＋ドラッグ）が可能です。詳しくは「3-2-4　ダイナメッシュの更新」を参照してください。

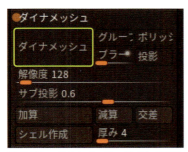

図3-71　ダイナメッシュをオンにする

ベースモデルの上からClayBuildupブラシで髪の流れを意識しながら凹凸を彫っていきます。ハードにエッジの出るブラシを使うことで毛束感を表現していきます。
ClayBuildupブラシで作業していくとシルエットが膨らんできてしまいます。時折Moveブラシでシルエットを抑え込むように調整しながら作業を進めましょう（図3-72）。

Chapter 3 顔の制作

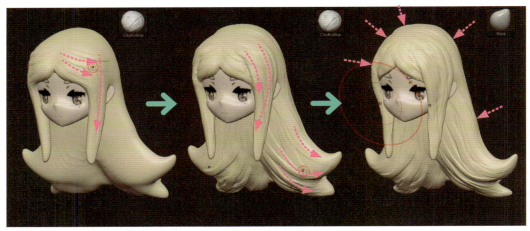

図3-72　ClayBuildupブラシで凹凸を追加

髪の毛の先端はどうしても丸くなりがちなので、TrimDynamicブラシを使ってシャープに削り取っていきます。また、フラットにしたい面（ここでは前髪サイド部分、カチューシャ部分）も削ってフラットにしていきます。

まとめると「SnakeHookブラシで引き伸ばす」→「ダイナメッシュの更新」→「ClayBuildupブラシで盛る」→「Moveブラシでシルエット調整」→「TrimDynamicブラシで整える」の手順です。この手順で耳飾りも作成していきます（図3-73）。

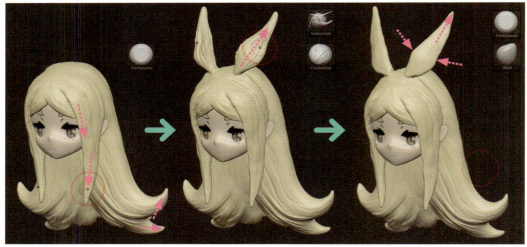

図3-73　TrimDynamicブラシでシャープに整えていく

3-5 髪の毛のラフモデル作成

> **Tips** ブラシのメッシュ貫通を防止する
>
> [ブラシ→オートマスキング設定→背面マスク]をオンにすることでブラシがメッシュ裏面まで貫通してしまうのを防ぐことができます(図3-74)。
> 裏面を貫通してしまうパターンとしては図のような細い形状に対し、ClayBuildupブラシでストロークした場合に良く起こります。このままダイナメッシュを更新してしまうとメッシュに細かい穴が空いてしまい修復が難しい状態になってしまいますので、この設定であらかじめ防止すると良いでしょう。ただし、この設定はブラシの種類ごとに「オン／オフ」の設定になっているので注意してください。

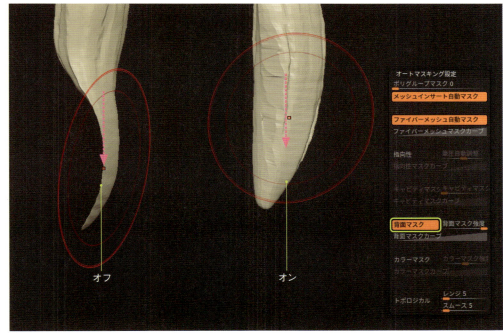

図3-74 ブラシの背面マスク

髪の毛のラフモデルを作成する目的は、顔周辺のシルエットとキャラクターイメージの確認のためなので毛先など細かく分けたり細部まで作り込む必要はありません。節冒頭でも言いましたが、最終的にはこのラフモデルは削除してしまうので、ある程度割り切って作成しましょう。

大まかなイメージを出せたところで、この状態からさらに顔の形状や目のペイントの調整、髪のボリューム感やシルエットの見直し…を繰り返すことで顔全体のクオリティを少しずつ上げていきます。

Chapter 3 顔の制作

3-6 目の作成

ここまでの工程である程度の形状が取れたら目の周囲を仕上げていきます。ここからさらに使用する機能が増えていきますが、後半の作例でも頻繁に使っていく機能になりますので、スキップせずにじっくり進めてみてください。

3-6-1 ポリグループ化（マスク）

まずはCtrlキーを押しながらストロークして目の形状に沿ってマスクをかけます（マスクについては「3-2-8 ベースモデルの作成：顎・エラのライン」「3-2-12 ベースモデルの作成：耳」参照）。

マスクをかけた状態でCtrl+Wキーを押すとマスク部分を「ポリグループ」に分けることができます。ワイヤーフレーム表示（Shift+Fキー）にするとマスクをかけた領域（ポリグループ）の色が変わっているのが確認できます（図3-75）。

このように「ポリグループ」はメッシュを色ごとにグループ分けするための機能です。このポリグループを利用して様々な操作・応用ができます（詳しくは作例を追って解説していきます）。なお、ポリグループの色はランダムに決定されるため、場合によってはほとんど違いがわからない色になってしまうことがあります。見にくい場合は一旦Ctrl+Zキーで戻り、再度Ctrl+Wキーでポリグループ化しましょう。

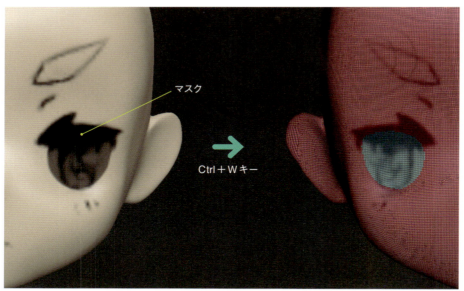

図3-75　マスク領域をポリグループに分ける

3-6-2 ポリグループの境界を滑らかにする

Shiftキーを押しながら［ブラシ→スムースブラシ設定→ウェイト付きブラシ設定］の数値を「6」に変更し、［RGB］をオフに設定します（図3-76）。

3-6 目の作成

図3-76 Smoothブラシの設定を変更

Smoothブラシをこの設定にしておくとポリペイントにはスムースがかからず、ポリグループの境界のギザギザが滑らかになります。形状にはスムースがかかっているのでポリグループの境界のみにかかるようにブラシサイズをやや小さめにしてください（図3-77）。

図3-77 ポリグループの境界を滑らかにする

3-6-3 ポリグループを使ってマスクを作成する

ポリグループを利用して手早くマスクを選択することができます。

❶ 顔のメッシュをCtrl＋Shift＋クリックして顔部分のみ表示
❷ ドキュメントの空きスペースをCtrl＋クリックして表示部分のみマスクを反転
❸ ドキュメントの空きスペースをCtrl＋Shift＋クリックして表示を元に戻す

上記の手順で、目の部分だけマスクがかかっていない状態を作成します（図3-78）。

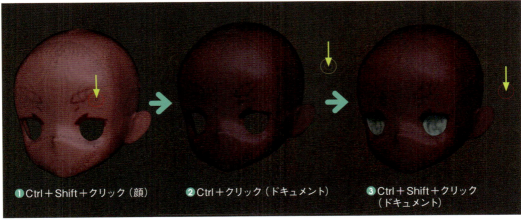

図3-78 ポリグループを使ってマスクを作成

次にポリグループの表示／非表示の操作を以下にまとめます（図3-79）。これらの操作に前述のマスクの操作を組み合わせることで、マスクを手早くかけたりマスクを再選択することができます。

- メッシュをCtrl＋Shift＋クリックでクリックしたポリグループの単体表示
- ドキュメントの空きスペースをCtrl＋Shift＋ドラッグで表示／非表示部分の反転
- ドキュメントの空きスペースをCtrl＋Shift＋クリックで表示を戻す

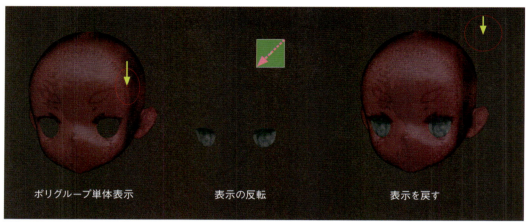

図3-79　ポリグループの表示／非表示の操作

3-6-4 目の曲面を作成する

ポリグループを使って目以外の部分をマスクできたら、3回ほどメッシュをCtrl＋クリックしてマスクの境界をぼかします。この状態でブラシサイズを大きくしたMoveブラシで後ろに少し押し込みます（図3-80）。

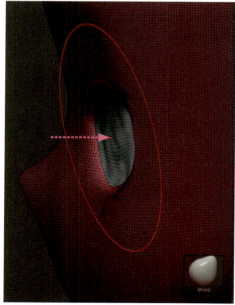

図3-80　目を後ろに押し込む

さらに目の部分が少し凸面になるように調整します。ここでもポリグループを使用してマスクを作成していきます（図3-81）。

❶目のメッシュをCtrl＋Shift＋クリックして目のみ表示
❷ドキュメントの空きスペースをCtrl＋クリックしてマスク反転
❸ドキュメントの空きスペースをCtrl＋Shift＋クリックして表示を戻す

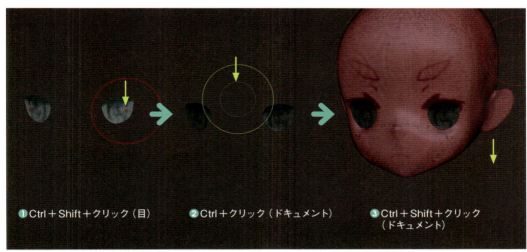

図3-81　ポリグループを使ってマスクを作成

ここからマスクをぼかしたあと反転することで、目の内側に向かって徐々にグラデーションがかかるようにします（図3-82）。

❶メッシュをCtrl＋クリックしてマスクをぼかす（3回程度）
❷ドキュメントの空きスペースをCtrl＋クリックしてマスクを反転

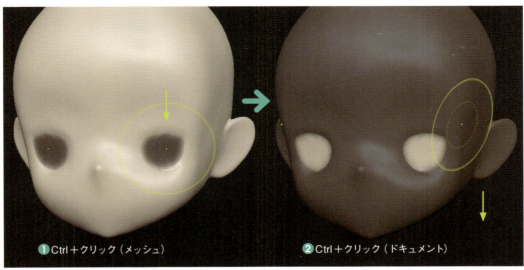

図3-82　グラデーションのかかったマスクを作成

この状態でMoveブラシを使って凸状になるように目を引き出します。マスクのグラデーションのおかげで緩やかな曲面を作ることができます。
また、引き出したあとに曲面を調整する場合は「3-2-11 ベースモデルの作成：フェイスライン」で使ったsPolishブラシを用います（図3-83）。sPolishブラシは [RGB] 設定をオフにしないとポリペイントが塗られてしまうので注意しましょう。

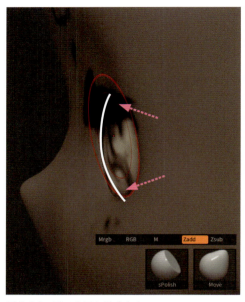

図3-83　目の曲面を作成する

極端に凸面にすると斜めから見たときに眼球が飛び出し過ぎてしまう場合があるので、気持ち凸面になる程度で抑えておきます（図3-84）。

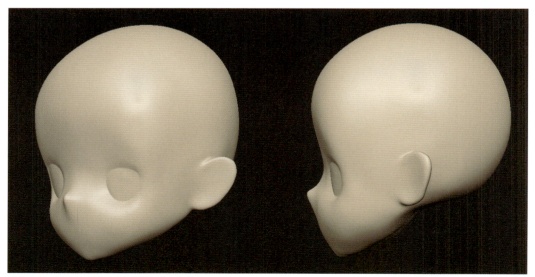

図3-84　目とその周囲の調整を行った後

3-7 顔の仕上げ

最後にダイナメッシュからサブディビジョンに変換して仕上げを行います。
ダイナメッシュが比較的ポリゴン数の高い状態（ハイポリ）で作業するのに対し、サブディビジョンはポリゴン数の低い状態（ローポリ）で作業していきます。

サブディビジョンの最大のメリットはポリゴン数を増やす際に形状にスムースがかかる点です。ダイナメッシュは逆に形状を維持したままポリゴン数を増やします（図3-85）。
画像右下のような形状をダイナメッシュ＋ブラシで作成するのは大変そうなのがなんとなく想像できるかと思います。

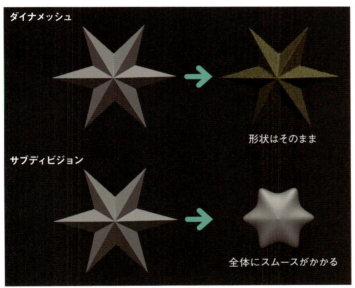

図3-85 ダイナメッシュとサブディビジョン

Memo ダイナメッシュとサブディビジョン

ダイナメッシュのメリットとしては、特に難しい機能を使う必要がなくブラシ操作の経験値さえあれば直感的に作成できる点です。逆にサブディビジョンは多くの機能を使う必要があり論理的な制作手法が求められますが、整った形状や無機物などの表面をきれいに作成することができます。
イラストで例えると、Photshopのように筆をガシガシ重ねて描いていくスタイルが「ダイナメッシュ」、Illustratorのようにパスや機能を使ってきれいなラインやグラデーションで描いていくスタイルが「サブディビジョン」のようなイメージです。

作りたい形状によって使い分けられると効率的ですが、どちらも素晴らしい造形を作り上げることは可能ですし、どちらが絶対に正しいということはありません。
本書ではこれ以降はサブディビジョン寄りの内容になりますが、人によってはダイナメッシュのほうが合っているという方もいるかもしれません。初級者の方にはまずは本書の手順通りに進めていただくことをおすすめしますが、ある程度慣れてきたらお好みでスタイルを変えていくのも良いかと思います。

3-7-1 サブツールの複製

[ツール→サブツール→複製]（Shift＋Ctrl＋Dキー）で顔のサブツールを複製します（図3-86）。元のサブツールの1つ下に新たにサブツール（複製）が追加されます。複製したサブツールは履歴がすべて消去された状態のものとなります。

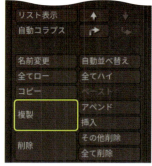

図3-86　サブツールを複製する

3-7-2 Zリメッシュを使ったローポリ変換

[ツール→ジオメトリ→Zリメッシュ→Zリメッシュ]でハイポリからローポリにポリゴン数を減らします。設定は[グループ保持]をオン（ポリグループを残す設定）、[目標ポリゴン数]を0.1に変更してから[Zリメッシュ]ボタンで実行します（図3-87）。

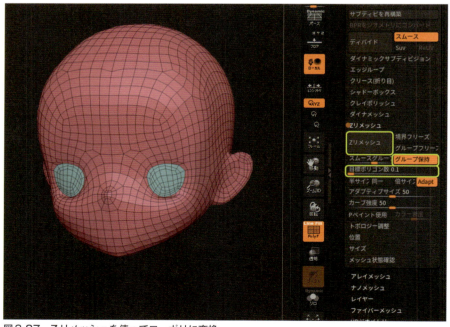

図3-87　Zリメッシュを使ってローポリに変換

変換後の状態でポリグループが複数に分かれてしまったり、目の形状が大きく変わってしまった場合は、Ctrl＋Zでダイナメッシュの状態に戻したあと、[目標ポリゴン数]の値を「0.2」など微妙に増やしたり、ダイナメッシュの目の形状をMoveブラシなどで多少変えてから再度実行するなどしてみてください。また[Zリメッシュ]ボタンを押すたびに結果が変わるので、図のようにならない場合は実行を繰り返してみても良いかもしれません。

3-7-3 ポリグループの境界をクリースエッジ化

再度ポリゴンを増やしていく前に、目の縁にハードエッジを入れるための仕込みをしましょう。[ツール→ジオメトリ→クリース（折り目）→PGクリース]でポリグループの境界のエッジをクリースエッジに変換します（図3-88）。クリースエッジ化された部分は2重のエッジ表示になります。

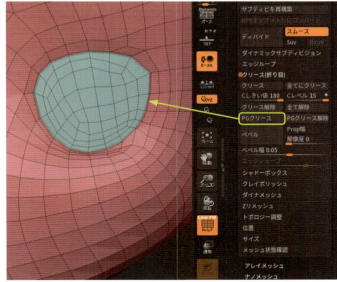

図3-88　ポリグループの境界のエッジにクリースをかける

3-7-4 サブディビジョンレベルの追加

[ツール→ジオメトリ→ディバイド]（Ctrl＋Dキー）を押すたびに[SDiv]（サブディビジョンレベル）が増えていき、ローポリでカクカクだった表面が滑らかになっていきます。その際、前節のクリースエッジを付けておいたエッジはスムースがかからず、ハードエッジが残っているのが確認できるかと思います（図3-89）。

また、追加したサブディビジョンレベルはスライダーを使っていつでも上げたり下げたりすることが可能で、ハイポリからローポリに切り替えることができます。このメリットについては次節のTipsで説明します。

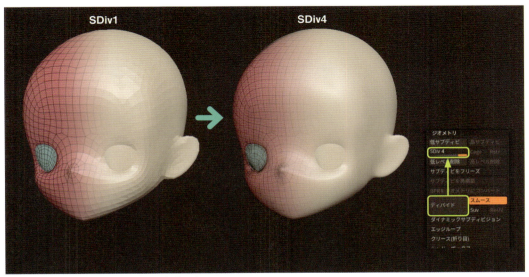

図3-89　サブディビジョンレベルを増やす

3-7-5 形状の投影

Zリメッシュをかけると耳の形や鼻先、顎先の形状が若干甘くなってしまいます。
そこで以下の手順で、複製しておいたサブツール（ダイナメッシュの状態）の形状を先ほどサブディビジョンに変換したサブツールに投影し、形状を復元させます（図3-90）。

① 投影元（ダイナメッシュ）のサブツールを表示にする
② 投影先（サブディビジョン）のサブツールを選択する
③ サブディビジョンレベルは1にしておく
④ ［ツール→サブツール→投影→全て投影］ボタンで実行する

実行の際にポリペイント表示がオンの状態だとポリペイントも一緒に投影するかどうかのメッセージが出てくるので、「はい」を選択してついでに投影してしまいましょう。

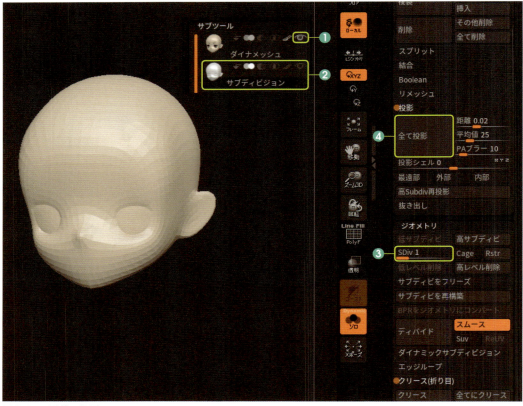

図3-90　形状の投影

この①～④の手順を、サブディビジョンレベルを1段階ずつ上げて繰り返します。今回は「SDiv1 ～ 3」で行いました。作例では「SDiv3」まで投影した段階でおおよその形状が復帰できたので、「sDiv4」では投影していません。あえて高レベルでは投影しないことで、ダイナメッシュの細かい凹凸まで投影しないようにしています。

3-7 顔の仕上げ

Tips 複数のサブディビジョンレベルを使ったモデリング

サブディビジョンレベルはいつでも上げ下げすることができ、ローポリ⇔ハイポリの状態を行き来することが可能です（Dキー／Shift＋Dキー）。

また、サブディビジョンレベルを追加したときだけでなく、低いサブディビジョンレベルで形状を編集したあと、高いサブディビジョンレベルに戻した際にもスムースがかかるという特徴があります（図3-91）。

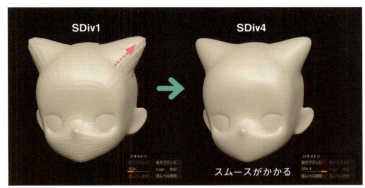

図3-91 サブディビジョンレベルを切り替える

サブディビジョンを使う際は必ずローポリで形状を整え、ハイポリに戻すことで表面を滑らかにする、という方法をとります。そうすることでダイナメッシュに比べてブラシの痕が残りにくいため形状の調整が簡単になります。

例として、ここでは顎の長さを変えてみました。Moveブラシで伸ばしたあと軽くSmoothブラシで整えました（図3-92）。ダイナメッシュと違って表面に細かい凹凸ができにくいのを実感できるかと思います。

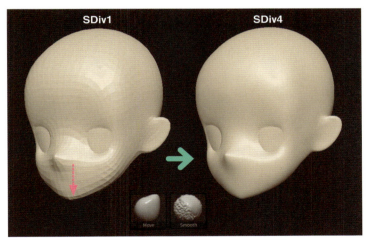

図3-92 複数の サブディビジョンレベルを使って形状を調整

サブディビジョンレベルを使って形状を作成する際は、以下のようなことに注意しましょう。

・できる限りローポリ（低サブディビジョンレベル）で編集する
・細かい作り込みのとき以外はなるべくハイポリ（高サブディビジョンレベル）では触らない
・耳や首などを引っ張って作成するなど、大きな形状を新たに作成することは避ける

1番目と2番目の点を意識することでダイナメッシュよりも簡単に形状の調整を行うことが可能で、ブラシの痕も残りにくいためきれいな曲面を作成する際に強力なメリットになります。3番目についてはサブディビジョンがポリゴンが伸びてしまった場合に弱いというデメリットになります。逆にダイナメッシュでは［ダイナメッシュの更新］で簡単に対応できるのでダイナメッシュが得意としている点になります。

79

3-7-6 鼻先、顎先を調整する

サブディビジョンレベルを活用してシャープな角を作ってみましょう。以下の手順を繰り返すことで尖らせることができます（図3-93）。

1. 「SDiv1」にしてMoveブラシで先端のポリゴンを引っ張る
2. 「SDiv2」に上げる（sDivを上げると先端が少し丸くなる）
3. Moveブラシで丸くなった箇所のポリゴンを引っ張る
4. 「SDiv3」に上げてMoveブラシで先端のポリゴンを引っ張る

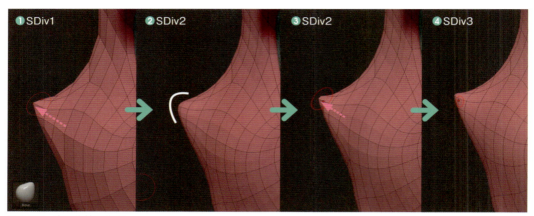

図3-93　鼻の先端の作成

同様に顎の先端も、正面や横から見て先端の形状を作成します。

3-7-7 耳の内側・外側を作成する

耳の内側はStandardブラシを使って彫っていきます。まずは「SDiv2」の状態で大きく凹みを彫り、「SDiv3」に上げます。鼻先と同様に形状にスムースがかかり凹みが甘くなりますので、さらに追加するように彫り込みます。また「SDiv4」に上げて〜と繰り返し、スムースで形状が甘くならない段階まで彫っていきます（図3-94）。

彫り進めていくうちにポリゴンが不足してガタガタになってくるので、「Ctrl + D」でディバイドしてサブディビジョンレベルを適時追加してあげてください。ここでは「SDiv4」まで作業し、「SDiv6」まで追加しました。

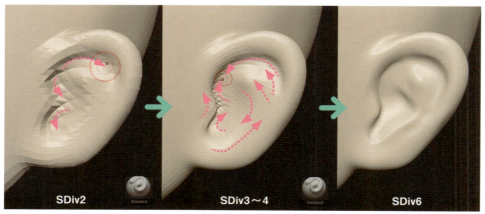

図3-94　耳を彫る

内側が彫れたら今度は外側の形状を調整していきます。
「SDiv2」の状態でMoveブラシを使って調整したら、サブディビジョンレベルを戻して滑らかになったときのシルエットを確認しましょう（図3-95）。

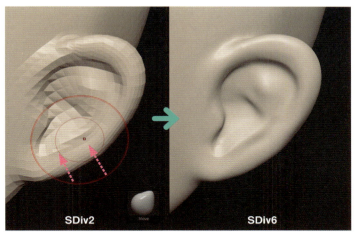

図3-95　耳のシルエットを調整

> **Memo　耳の作成方法について**
>
> 本書では解説の都合上、顔のメッシュから押し出して一体で作成しましたが、球体から別のサブツールとして作成する方法もあります。この方法のメリットとしては、使いまわしが利く点です。別のキャラクターを作る際にも同じ耳のデータを使ってしまえばよいのです。耳のディテールについては、キャラクターのコンセプトやテイストなどによって微調整してあげましょう。
> 作品によって省き方がいろいろあるので、自分の好みの形状や作り込み具合を探してみると良いかと思います。

3-7-8　唇を彫る

口を閉じている場合など形状の凹凸が小さいものはサブディビジョンレベルを上げた状態でブラシを使って彫り込んでしまいます。
ClayBuildupブラシで盛ることで谷間を作り、上下をSmoothブラシで馴染ませます（図3-96）。

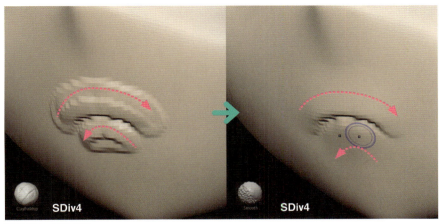

図3-96　唇を盛る

Chapter 3 顔の制作

ClayBuildupブラシで盛ることで谷間を作ったので、シルエットが前に飛び出た形状になっていると思います。一旦「SDiv2」ぐらいに下げてからMoveブラシで全体を引っこめます（図3-97）。

凹凸を作成した後は、サブディジョンレベルを下げてMoveブラシを使うことで全体の位置調整が可能です。この作業を高いサブディビジョンレベルのまま行ってしまうと、結局ダイナメッシュと同様にブラシの痕（細かい凹凸）がまた発生してしまうので、必ずサブディビジョンレベルは下げてから行うようにしましょう。

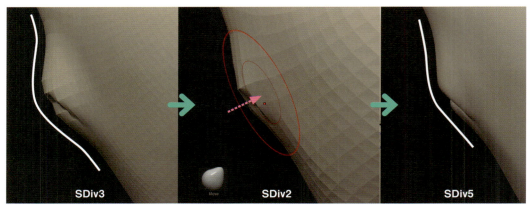

図3-97　唇の飛び出しの調整

3-7-9 シャープな溝を作成する

口のラインの溝をもう少し彫りたいときは、DamStandardブラシを使ってなぞることで細い溝を作成することができます（図3-98左）。またPinchブラシで溝をなぞることで、さらにシャープにすることができます（図3-98右）。

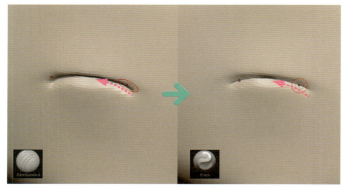

図3-98　DamStandardブラシ／Pinchブラシ

3-7-10 バランスを調整する

最後にサブディビジョンレベルを下げてMoveブラシでバランス調整をします。
ここではデフォルメキャラクターというコンセプトに合わせて鼻先の位置を下げ、目の大きさを縦長にし、さらにシンメトリの設定をオフ（Xキーでオン／オフ切替）にして目線に合わせて目の左右の大きさ・形状、口の形状をそれぞれ左右非対称で調整しました（図3-99）。このように各パーツのバランスを変えたい場合でも、サブディビジョンレベルをうまく使うことで滑らかな曲面を保ったままの調整が可能です。

3-7 顔の仕上げ

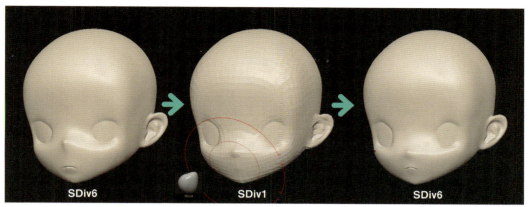

図3-99　パーツのバランス調整

完璧な左右対称で作れるのがCGのメリットの一つですが、キャラクターの場合逆効果になってしまうこともあります。実際の人間もイラストも完全な左右対称の顔はほぼ存在しません。普段からそれで見慣れているため、完全な左右対称のCGモデルを見た際に無意識に違和感（人間味が薄い感覚）を感じてしまいます。こういった理由から、目の大きさ・位置・角度、頬のライン、顎の角度など微妙に非対称に調整しています。

3-7-11 ポリペイントを描き込む

最後にポリペイントをしっかり描き込んで完成です。

ポリペイントについては「3-3 顔のペイント」を参考に、ここでもPaintブラシで描いていきます。グラデーション機能はないので、筆圧で薄く色をのせることでグラデーションを作成します。

図3-100を例にすると、まずは下地の白目と瞳部分をベタ塗りします。その上からまつ毛の「黒」をCキーで拾ったあと弱い筆圧でストロークして上から薄く影を入れます。黒を薄くのせることでできた「暗い紫」の部分をCキーで拾って影の部分を広げるように塗っていきます。明るい部分も同じ要領で、「白」で紫の上を薄く塗り、それによってできた「薄紫」を拾って広げていく流れです。

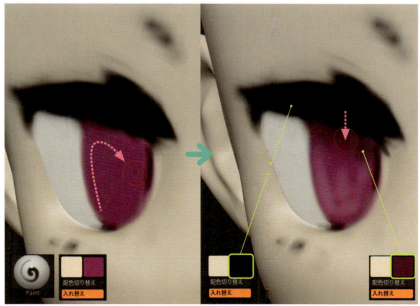

図3-100　ポリペイントのグラデーション

またSmoothブラシの設定の[Zadd]をオフにする(Shiftキーを押したままオフにする)ことで、ポリペイントのみスムースをかけることが可能になります。
「白」を瞳の上にちょんと描いたあとにスムースで滲ませることでハイライト部分を作ることができます(図3-101)。

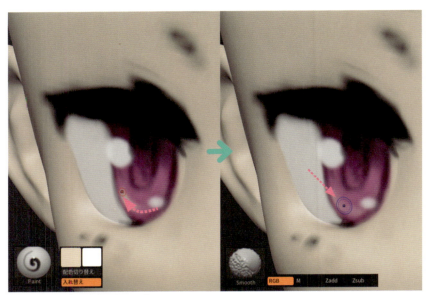

図3-101　ポリペイントのスムース

このように手描きで進めてもよいのですが、ZBrushのポリペイント機能はイラスト系ソフトのように機能が充実しているわけではないので、他の2Dソフトで作成した画像やあらかじめ用意された画像をスポットライトを使って転写しても良いでしょう。ここではこのまま手描きで塗り重ねて完成させました(図3-102)。

図3-102　瞳のポリペイント

図3-103のような状態になったところで顔の作成は一旦終了です（Sample Data：Ch03_03.zpr）。

図3-103　顔と髪の毛のラフモデル

> ### まとめ
>
> 書籍では解説の都合で一本道で進んでいるように感じますが、途中目のポリペイントを描き直したり、目の位置を修正・髪の毛の形状調整など、手順を何回か戻って全体を少しずつ作業しています。
>
> 作り慣れた人であれば一切調整することなく一本道で作成することも可能だと思いますが、初めのうちは何回も行ったり来たりして試行錯誤していきましょう。場合によってはゼロから作りしてみると1回目では難しかったポイントがすんなりできたり、1回目では気づかなかった発見があったりします。ゼロからやり直したとしてもここまでかけた時間は決して無駄にはならないので、思い切って作り直すのも良いかと思います。
>
> Tipsを除いて内容はなるべく絞ったつもりですが、このChapterから急に内容が長くなってしまいました。「序盤の山場」だと思って乗り越えてください。ある程度機能を身に付けると、あとは作り方・手順だけ考えれば良いようになり、形状のほうに頭が回せるようになると思います。また、途中で行き詰ってしまったり手順がわからなくなってしまった場合には、付属の作例データを参考にしてみるのも良いかと思います。

Chapter 4

体の制作

顔の制作が完了したら次は体の制作に入ります。これまでに解説した機能についてはなるべく参照先を載せるようにしています。使い方を忘れてしまったら参照先に戻って確認してみてください。

また、このChapterからZModelerという機能も少しずつ使っていきます。ZBrushの機能の中でも操作方法が独特で、他のCGソフトとも全く違う操作方法になっているため初めは扱いにくいかもしれませんが、使い慣れると制作していく上で非常に強力な機能になります。このChapterから少しずつ練習していきましょう。

【習得内容】
・ZSphereを使った骨組みの作成
・素体モデルの作成
・ZModelerを使ったポリゴン編集方法

【習得機能】
　[ZSphere]
　ZSphere作成方法／移動／追加／削除／スケール／挿入／ポリゴンプレビュー／ポリゴン変換

　[ZModeler]
　エッジの削除／エッジの挿入／エッジの挿入（均等分割）／エッジのスライド／トランスポーズ（ポリゴン）／押し出し（ポリゴン）

　[サブディビジョン]
　ダイナミックサブディビジョン／ダイナミックサブディビジョンの変換／サブディビジョンレベルの削除

　[サブツール]
　コピー／ペースト／シェル分割／ミラーコピー

　[ギズモ3D]
　形状変換／位置、方位のリセット

　[表示]
　ソロモード／透明モード／両面表示

　[ブラシ]
　Inflat／SnakeHook

Chapter 4 体の制作

4-1 骨組みの作成

本書では「ZSphere」と呼ばれる機能を使って素体（ポーズのついていない身体のモデル）の骨組みを作成していきます。「ZSphere」の使い方を覚えながら骨組みを組んでいきましょう。

4-1-1 ZSphereを新規作成

[ツール→サブツール→アペンド（もしくは挿入）]からツールリストを開きます。ツールリストの中から[ZSphere]を選択してサブツールに追加しましょう（図4-1）。

図4-1　ZSphereの追加

4-1-2 ソロモード／透明モードへの切り替え

追加したZSphereはおそらく頭部に隠れて見えない状態になっていると思います。シェルフ右側の「透明」ボタンで「選択サブツール以外の透過表示」にするか、または「ソロ」ボタンで「選択しているサブツールの単体表示」に切り替えることができます（図4-2）。

図4-2　ソロモード、透明モード

今回は透明モードをオンにして、ZSphereが確認できるようにしましょう。またこれ以降、真正面・真横などの視点で作業することが増えますので、パースは一旦オフにしておきます。パースの設定方法については「3-1-4 パースの設定」を参照してください。

4-1-3 ZSphereの移動

まずはZSphereのサブツールを選択した状態でシンメトリ設定をオン（Xキー）にしたあと、シェルフ上段の［移動］ボタンをクリックして移動モード（Wキー）に切り替えます（メッシュでは移動モードにするとギズモ3Dが表示されましたが、ZSphereが選択されている場合は仕様上表示されません）。

カメラを真正面に向けた状態でZSphereをドラッグすると上下に動かすことができるので、ざっくり腰の位置あたりに下げておきます（図4-3）。

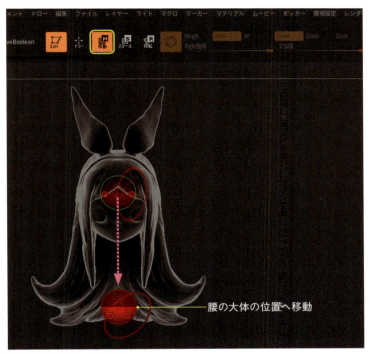

図4-3　ZSphereの移動

4-1-4 ZSphereの追加

ZSphereを追加する場合はドローモード（Qキー）で行います。

シンメトリがオンであれば、ZSphereにペン先を合わせたときに球体に沿って赤いカーソルが左右に表示されます。そのカーソルを左右の中心に近づけるとカーソルの色が緑に変化し、磁石のようにパチッと一つになります。

この状態でドラッグするとZSphereの左右の中心に新しいZSphereを作ることができます。ドラッグする長さによって追加されるZSphereのサイズが変わりますので、ここでは図4-4のように同じくらいのサイズのものを追加しましょう。図（右）を見ていただくとわかるとおり、ZSphere間には「リンクスフィア」と呼ばれる節が生成されます。

Chapter 4 体の制作

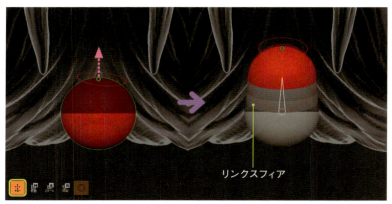

図4-4　ZSphereの追加

> **Tips** ZSphereの削除方法
>
> ZSphereはドローモード中に、Alt＋クリックすることで削除できます（図4-5）。ただし、初めに配置した1つ目のZSphereは削除することはできません。

図4-5　ZSphereの削除

4-1-5 骨組みの作成：胴体

移動モード（Wキー）に切り替え、真横の視点から先ほど追加したZSphereを首の根元まで移動させます（このZSphereは最終的に胸部分にあたります）。移動を行うとZSphere間の「リンクスフィア」は自動的に伸ばされていきます（図4-6）。移動させる際、同時に1つ目のZSphereも動いてしまう場合はブラシサイズを下げてみてください。

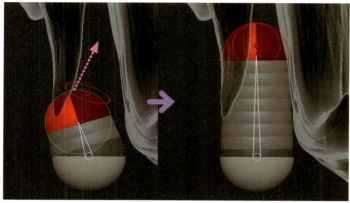

図4-6　ZSphere間のリンクスフィア

4-1-6 骨組みの作成：尻〜股関節

次に骨盤（お尻、股関節部分）を追加していきます。
ドローモード（Qキー）で、初めに配置した腰のZSphereの下側に新たに1つ追加します（図4-7左）。その際、追加したZSphereのサイズが腰よりも少し大きくなるようにストローク量を調整します（図4-7中央）。サイズは後からでも調整できますのでざっくりで構いません。
追加できたら移動モードに切り替え、やや後ろ（真横から見て背中方向）に移動させます（図4-7右）。

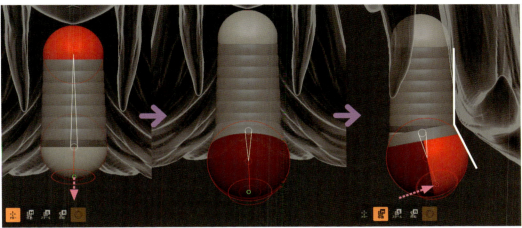

図4-7　骨盤を追加

4-1-7 骨組みの作成：脚の付け根

追加した骨盤からさらに脚の付け根を追加します。
今回は左右に追加します。シンメトリモードになっていれば左右同時に追加できるはずです。追加できたら、これまでと同様に位置の調整を行います（図4-8）。

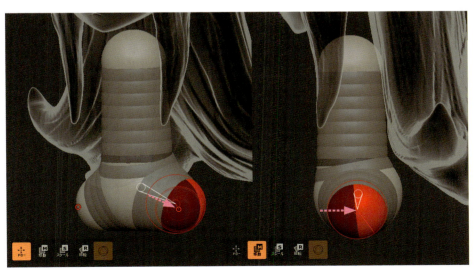

図4-8　脚の付け根を追加

4-1-8 骨組みの作成：脚

追加した脚の付け根から同じくらいのサイズのZSphereを追加します。その追加したZSphereを移動モードで足首のあたりまで移動させます（図4-9）。

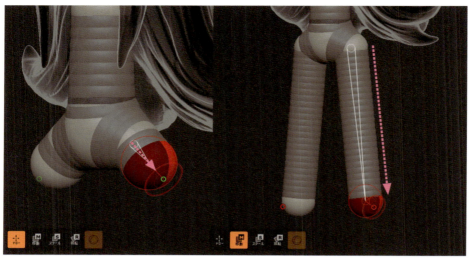

図4-9　脚を作成

4-1-9 ZSphereのスケール

スケールモード（Eキー）に変更して足先のZSphereを上方向にドラッグし、図4-10のように縮小します（ストローク方向を下方向にすると拡大されます）。

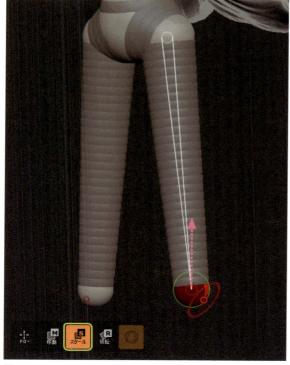

図4-10　ZSphereのスケール

4-1-10 骨組みの作成：腕、首

同様に腕、首も作成していきます。まずは次の手順で腕を作成します（図4-11）。

❶ 腕の根元（肩）のZSphereを作成
❷ 追加したZSphereからもう一つZSphereを追加
❸ 2つ目のZSphereを手首の位置まで移動させて腕を作成（必要に応じてスケールで各ZSphereの大きさを調整）

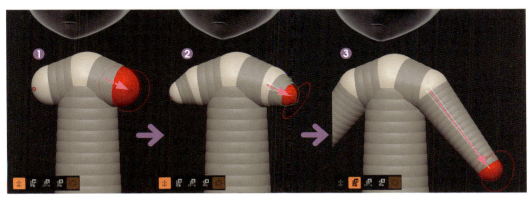

図4-11　肩、腕の骨組み

同様にして、以下の手順で首を作成します（図4-12）。

❶ 首の根元のZSphereを作成
❷ その上にもう一つZSphereを追加
❸ 2つ目のZSphereを頭の位置まで移動させて首を伸ばす（必要に応じてスケールで各ZSphereの大きさを調整）

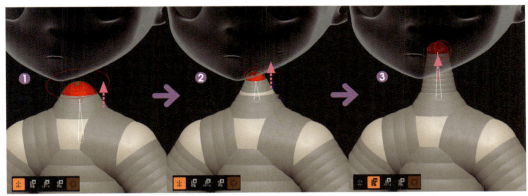

図4-12　首の骨組み

ここまでの作業で、まずは肘や膝などを省いた大雑把な骨組みを作成できました。

4-1-11 骨組みのバランスを調整する

移動モード、スケールモードを使って、頭身、手の長さ、脚の長さなど大まかなバランスを整えます。作例では3.5頭身（胴体＝1に対して脚＝1.5くらいのバランス）にしました（図4-13）。また、腕や脚については少し開き気味にしておきましょう。閉じていると脇、内もも部分が作成しにくくなってしまいます。

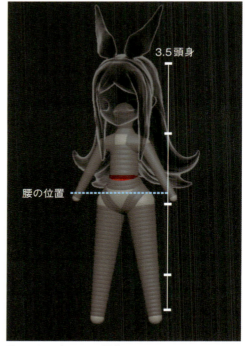

図4-13　バランスの調整

4-1-12 ZSphereのプレビュー

［ツール→アダプティブスキン→プレビュー］をオン（Aキー）にすることで、ポリゴンに変換後の状態をプレビューで確認することができます（図4-14）。

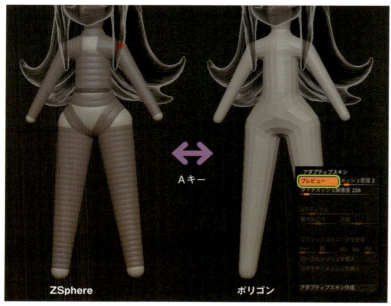

図4-14　ポリゴン変換のプレビュー

ZSphereの追加、調整時にシンメトリの中心からずれてしまったり、余計なZSphereがあったりすると（ドローモードで誤ってクリックすると小さいZShereが追加されてしまいます）、プレビュー時にポリゴンが捻じれていたりイボのような突起物ができてしまっている場合があります。初めからやり直さないといけなくなるケースもありますので、ZSphereで作業する際はこまめにプレビューでポリゴンの状態を確認するクセをつけましょう。

また、実際にポリゴンに変換するのはきちんと骨組みを組んでからになります。プレビュー状態のポリゴンは触らないようにします。

[プレビュー]ボタンをオフ、または再度Aキーでプレビューを解除できるので、確認が終わったら解除して次の作業に進みましょう。

4-1-13 ZSphereの挿入

バランス調整ができたら、リンクスフィアの部分にZSphereを挿入して関節を増やしていきます。
まずはドローモード（Qキー）にした状態で胸付近のリンクスフィアをクリックします（図4-15左）。すると、クリックした箇所がZSphereに変化します。このZSphereにスケール・移動を使って体の凹凸のラインを作っていきます（図4-15右）。

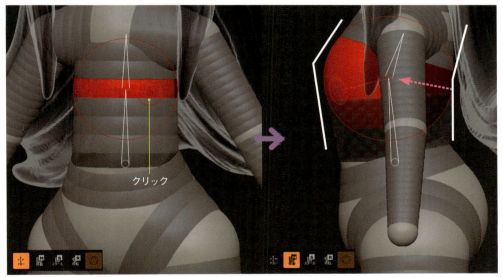

図4-15 ZSphereの挿入

> **Memo　リンクスフィアの表示**
>
> 上図のようにZSphere同士が近すぎるとリンクスフィア部分が半透明になることがありますが、前述のプレビュー（Aキー）でポリゴン化後の状態を確認した際に特に問題が見られなければ気にする必要はありません。

4-1-14 体の凹凸のラインの作成

ZSphereの挿入・スケール・移動を使って、「腕」「脚」にメリハリをつけていきます。図4-16はボディラインの凹凸（白ライン）、関節（青破線）を意識して作った例です。足首以下についてはひとまず足のサイズ感がわかる程度、手については別で作成しますので、ここでは手首までにしておきます。

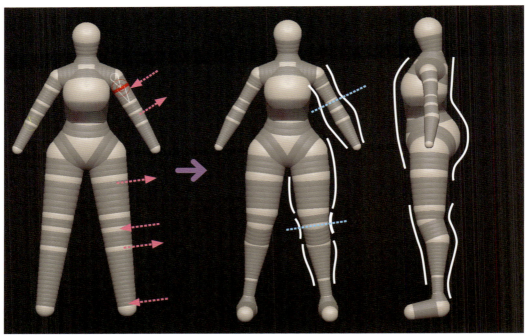

図4-16　凹凸ラインの作成

これで骨組みは完成です（Sample Data：Ch4_01.zpr）。

ZSphere自体は常に球体（楕円は不可）なので、ボディラインを作るといっても限界があります。あくまでも「ポリゴンに変換する前のベース」として割り切って作成しましょう。このZSphereの状態のデータを別名で保存しておけば、次に同じようなデフォルメ感のキャラクターを作成する際にデータを流用してここまでの手順をスキップすることができます。

4-2 素体のラフモデルの作成

ZSphereで作成した骨組みからポリゴンに変換し、素体のラフモデルを作成していきます。ここから少しだけ「ZModeler」を使っていきますので、使い方の予習をしてみてください。

4-2-1 ZSphereをポリゴンに変換

[ツール→アダプティブスキン]のパレットを展開し、以下の手順を実行します（図4-17）。

❶[メッシュ密度]を1に設定
❷[ダイナメッシュ解像度]を0に設定
❸[アダプティブスキン作成]ボタンを押してポリゴンに変換

[アダプティブスキン作成]を実行してもドキュメント上の表示には何の変化もありませんが、気にせずそのまま次へ進んでください。

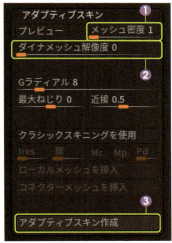

図4-17　ZSphereをポリゴンに変換

> **Tips** ZSphereの変換方法
>
> 本書の作例では、ローポリに変換してサブディビジョンで進める方法を採用していますが、ZSphereを変換する段階でダイナメッシュで変換することも可能です。この場合[メッシュ密度]を6～8（カクカクが見えなければOKです）、[ダイナメッシュ解像度]を256以上の設定にして変換してください（図4-18）。この場合、変換後はブラシでひたすら彫り込んでいく手法になります。本書ではこちらのルートは通りませんが、とにかくブラシでガシガシ筋肉を彫りたい！という方はこちらの方がよいかもしれません。
>
>
>
> 図4-18　ダイナメッシュに変換する

4-2-2 変換されたポリゴンをサブツールに追加

[アダプティブスキン作成]ボタンで変換されたポリゴンはサブツールには追加されません。ツールリスト内に「Skin_ZSphere」という名前のツールアイコンが追加されており、これが今回変換されたツールになります（図4-19）。

サブツールが複数あるものはツールアイコン右上に数字が表示されます（これまで作業していたツールは「顔」「髪の毛」「ZSphere」の3つのサブツールがあるので「3」が表示されています）。ZSphereから変換したものはサブツールが必ず1つになるため、サブツール数は表示されません。名前、アイコンのサムネイルでは判断しづらい場合はこの数字を目印にしてもよいでしょう。

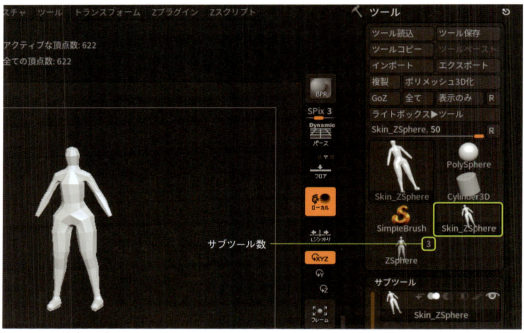

図4-19　アダプティブスキン作成後のツールリスト

この変換されたポリゴンを、以下の手順で作業していたツールに追加しましょう（図4-20）。

❶ツールリスト内の「Skin_ZSphere」をクリックしてツールを切り替える
❷[ツール→サブツール→コピー]（Ctrl + Shift + C）をクリック
❸ツールリストから作業していたツールをクリックしてツールを切り替える
❹[ツール→サブツール→ペースト]（Ctrl + Shift + P）でサブツールに追加

4-2 素体のラフモデルの作成

図4-20 ツール間でのコピー&ペースト

ZSphereがプレビュー状態になっていると、変換されたポリゴンなのかZSphereなのか判断できなくなってしまうため、ペースト後はZSphereのプレビューはAキーで解除しておきましょう。

Tips ツールとプロジェクト

今回のアダプティブスキン作成後など、ZBrushの機能によってはツールリストにツールが新しく追加されることがあります。プロジェクトを保存（Ctrl + S）すると、このツールリスト内のツールはすべて保存されます。

このツールリストを整理したい場合は、不要ツールを選択し［ツール→サブツール→全て削除］で削除できます。削除後は［PolyMesh3D］（星形）のツールが選択された状態になります（図4-21）。

またこのツールを個別に一つだけ保存することも可能です。保存したいツールを選択し、［ツール→ツール保存］でツール単体での保存ができます。

読み込む場合はまずプロジェクトを開いてから［ツール→ツール読込］でプロジェクトに保存したツールを追加することができます（図2-22）。

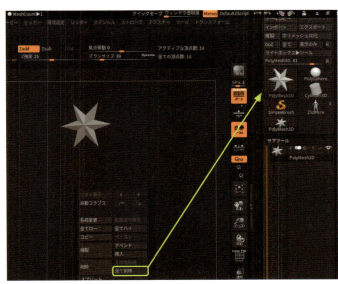

図4-21 ツールの削除

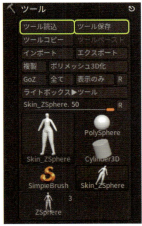

図4-22 ツールの保存とツール読み込み

プロジェクトについては「2-4-7 プロジェクトを開く」および「2-4-6 プロジェクトの保存」をご参照ください。

4-2-3 ZModelerを使って素体モデルの調整

コピー&ペーストしたポリゴンの素体をZModelerで編集して使いやすくしてみましょう。
ZModelerはブラシのひとつで、使いこなせれば洋服やメカなどの無機物の制作においてとても強力な武器になります。非常に多機能なので作例を追いながら少しずつ機能を説明していきます。

まずはZModeler自体の使い方から解説します。ブラシリストから[ZModeler]を選択してください。大まかな操作の流れは次のようになります(図4-23)。

❶ポリゴン(面)、エッジ(辺)、頂点(点)の3ヵ所どれかにカーソルを合わせる
❷カーソルを合わせたままSpaceキーを押して実行する機能・範囲などを設定(設定後Spaceキーを離す)
❸ポリゴン・エッジ・頂点をクリックまたはドラッグして設定した機能を実行

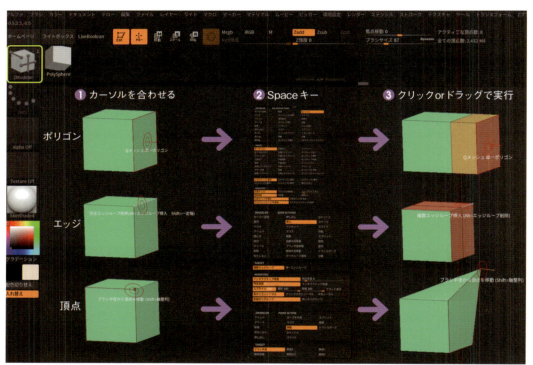

図4-23　ZModelerの使い方

気を付けるポイントとしては、自分がどこ(ポリゴン・エッジ・頂点)にカーソル合わせているかを意識することです。合わせる箇所によってカーソルのハイライト表示が変わるのを確認してください。

4-2-4 ZModeler：エッジの削除

さっそく素体のほうで使ってみましょう。まずはエッジの削除を行います(図4-24)。

❶エッジ(辺)にカーソルを合わせる(エッジが白くハイライト表示されます)
❷Spaceキーを押してエッジに対して行う機能のリストを開く
❸Spaceキーは押したままにして[EDGE ACTIONS]から[削除]を選択、さらに[TARGET]は[完全エッジループ]を選択(機能設定後、Spaceキーを離す)

4-2 素体のラフモデルの作成

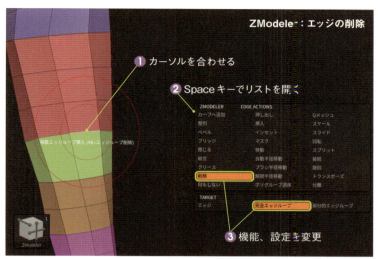

図4-24 ZModeler：エッジの削除

> **Tips** ZModelerが反応しない
>
> ZModelerでクリックやドラッグをしても何も反応しないことがあります。これは形状が左右非対称になってるメッシュの場合、シンメトリがオンの状態ではZModelerが機能しないという仕様のためです。この現象が発生した場合は、メッシュを左右対称にするかシンメトリをオフにしましょう。

ZModelerの［EDGE ACTIONS→削除］［TARGET→完全エッジループ］に切り替えた後は、消したいエッジをクリックすることでエッジを1周分ぐるっと消すことができます。今回は腕・脚のエッジ（円の箇所）を消していきます（図4-25）。

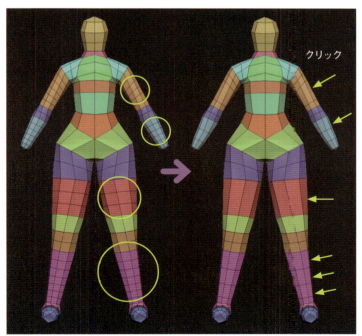

図4-25 エッジの削除

図4-26は「4-2-7 ダイナミックサブディビジョン」の機能を使ってスムースをかけた状態の参考です。ワイヤーフレームの水平エッジの数に注目してみてください。図（左）のようにエッジが多すぎると動かさないといけない箇所も増え、結果シルエットが崩れやすくなってしまいます。

ZSphereから作成されたポリゴンは末端部分にエッジが無駄に多く入っているため、必要に応じてZModelerで整理してあげると編集しやすくなります。

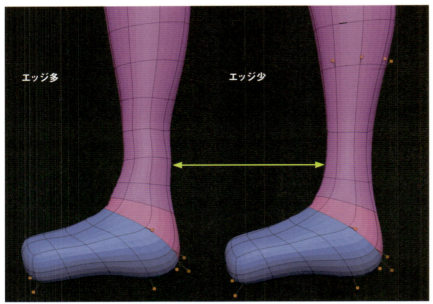

図4-26　エッジの数による制御のしやすさの違い

4-2-5 ZModeler：エッジの挿入

エッジを消しすぎてしまった場合はエッジを挿入（追加）しましょう。

ZModelerを[EDGE ACTIONS→挿入][TARGET→単一エッジループ]に設定し、エッジ（ここでは垂直方向のエッジ）をクリックまたはドラッグすると、水平方向にエッジを追加することができます（図4-27）。

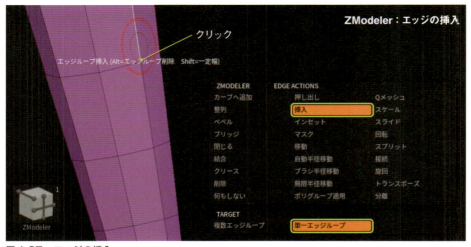

図4-27　エッジの挿入

Tips　エッジの削除と挿入

エッジの削除は［EDGE ACTIONS→削除］［TARGET―完全エッジループ］で行いましたが、［EDGE ACTIONS→挿入］（TARGETはどの設定でも可）の設定でAltキーを押したままクリックすることでも削除することができます。

4-2-6 ZModeler：エッジのスライド

削除した分エッジの間隔がばらばらになってしまっているので、均等になるように調整しましょう。ZModelerを［EDGE ACTIONS→スライド］［TARGET→完全エッジループ］に設定し、位置をずらしたいエッジをドラッグします（図4-28）。［スライド］を使うことで表面に沿ってエッジを移動できるので、形状は維持しつつエッジの位置のみを変更することができます。

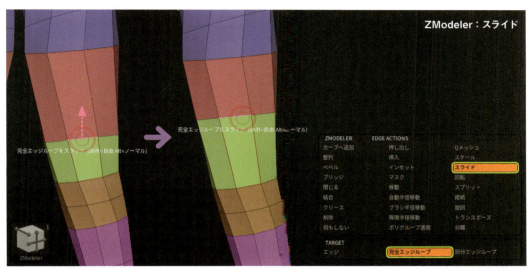

図4-28　エッジのスライド

4-2-7 ダイナミックサブディビジョン

エッジの整理（削除・挿入・間隔の調整）が終わったら、［ツール→ジオメトリ→ダイナミックサブディビジョン→ダイナミック］ボタンをクリックするかDキーを押して、「ダイナミックサブディビジョン」をオンにします（図4-29）。

Chapter 4 体の制作

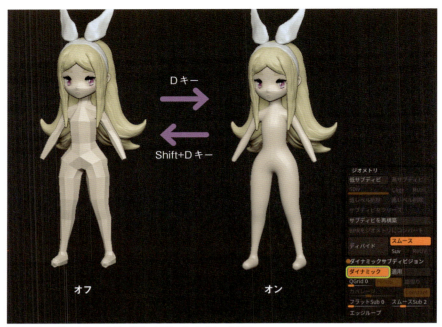

図4-29 ダイナミックサブディビジョンのオン／オフ

これはサブディビジョンレベルを追加するとこのぐらい滑らかになりますよ、というプレビュー機能です。表示は滑らかなハイポリ状態に見えますが、実際のポリゴンはローポリ状態のままです。
理由は後述しますが、サブディビジョンレベルを追加する前にまずはこのダイナミックサブディビジョンで作業していくことを強くお勧めします。サブディビジョンについては「3-7 顔の仕上げ」をご参照ください。

> **Memo** ダイナミックサブディビジョンのメッセージ
>
> ダイナミックサブディビジョンをキーボードショートカットでオンにした場合、図4-30のような警告メッセージが表示されます。毎回聞かれるのが煩わしい方は[常にYES]を選択しておくと良いです。
>
>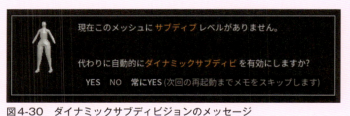
>
> 図4-30 ダイナミックサブディビジョンのメッセージ

4-2-8 大まかなボディラインの作成

ダイナミックサブディビジョンをオンにした状態でMoveブラシを使って形状を作成していきます。いきなり部分的に彫り込むのではなく、まずは全体のラインをとっていきます。
作例では実際の人間よりも凹凸を強調した大げさな形状にしています。青のラインがその視点の向きから見たときに細く見せる箇所、ピンクのラインがその逆で太く見せる箇所のイメージです。膨らんでいる箇所、細くなっている箇所、それらの位置関係など、矢印の角度にも注目して、メリハリを付けていくのがポイントです（図4-31〜33）。

4-2 素体のラフモデルの作成

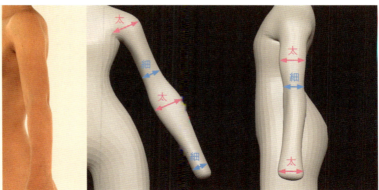

図4-31　腕周り

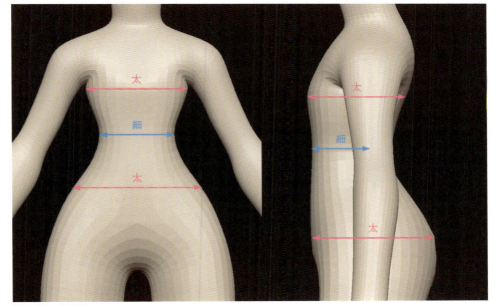

図4-32　胴周り

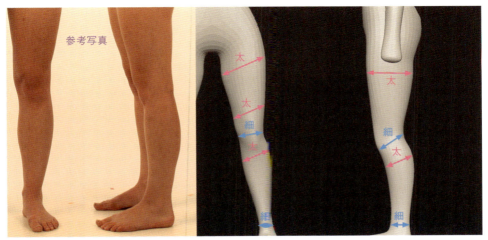

図4-33　脚周り

105

デフォルメ作品であってもただの筒状ではなく、人体構造に則ったラインが多少あるだけでも説得力が出ます。

> **Tips** ダイナミックサブディビジョンのワイヤーフレーム表示
>
> ダイナミックサブディビジョンがオンの状態でワイヤーフレーム表示（Shift＋F）にして拡大してみると「マチ針」のようなものが表示されます（図4-34）。このマチ針の頭部分が実際のポリゴンの頂点の位置を示していて、Moveブラシなど使ったときはこの頂点を動かすことで形状を変化させています。
>
>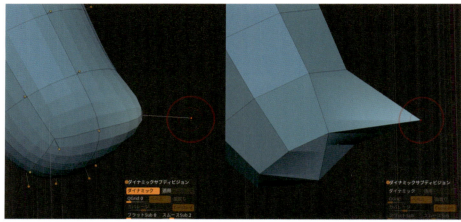
>
> 図4-34　ダイナミックサブディビジョンのワイヤーフレーム表示
>
> ただし、この表示状態だとブラシで掴みづらい場合があるため、編集しにくいと感じたら一旦ダイナミックサブディビジョンをオフにしてローポリの状態で編集してみてください。

> **Tips** 関節部分のポリゴン
>
> 必須ではありませんが、肘・膝といった関節部分のポリゴンの分割において、図4-35のように関節内側のエッジ間隔を広くし、逆に外側を狭くしておくことでポーズをとらせる際にきれいに曲げやすくなります。ポーズの付け方については「Chapter6 ポーズの作成」で解説します。
>
>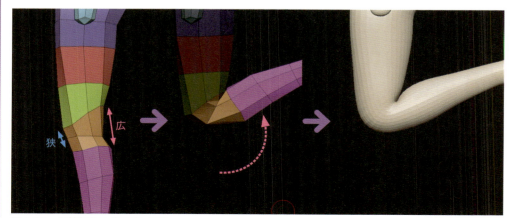
>
> 図4-35　関節部分のポリゴン分割

4-3 素体の作成

骨組みから作成したラフモデルにサブディビジョンレベルを追加して彫り込んでいきます。

4-3-1 ダイナミックサブディビジョンを変換

ダイナミックサブディビジョンで全体のラインを整え終わったら、実際のサブディビジョンレベルに変換しましょう。
[ツール→ジオメトリ→ダイナミックサブディビジョン→適用]ボタンを押すと、ディバイドを2回押した状態の「sDiv3」へ変換されます（図4-36）。

図4-36　ダイナミックサブディビジョンの適用

Memo　サブディビジョンとダイナミックサブディビジョン

「サブディビジョンレベルを追加した後では使えない機能」という制限がいくつかあります。ZModelerもその一つで、この制限のために進め方によっては後々使いたい機能が出てきても使えないというケースがあります（図4-37）。

図4-37　サブディビジョンレベル追加後ではZModelerは使えない

初期のラフモデルをダイナミックサブディビジョンで作成し、ブラシを使ったディテールアップなど仕上げの段階でサブディビジョンレベルへ変換することである程度防ぐことができます。
ZModeler以外にもサブディビジョンには制限の受ける機能が多くあり、作業に慣れていてもうっかり失敗することもあります。慣れないうちは本書の作例通りで進めて頂くことをお勧めします。

4-3-2 サブディビジョンレベルを使って形状を作成

変換後はサブディビジョンレベルを切り替えながら、脇の下、胸、首回り、肩の筋肉、膝、足などローポリでは作れなかった部分をMoveブラシやClayブラシ等で作成していきます。まずはsDiv2で形状を整えていきましょう。シルエットを意識しながら首、肩まわりの形状を作成し、胸や脇の形状も作成します（図4-38a）。

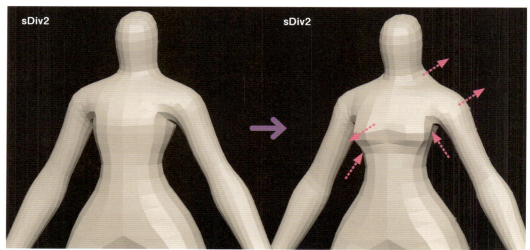

図4-38a　sDiv2の状態で形状作成（上半身）

下半身については膝の出っ張りを作り、足首から下の形状を作成します（図4-38b）。

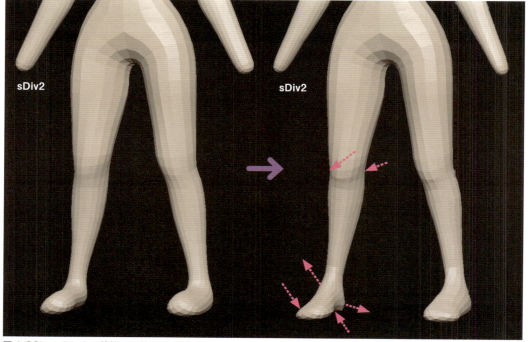

図4-38b　sDiv2の状態で形状作成（下半身）

4-3-3 骨格、筋肉の作成

これから先はサブディビジョンレベルを上げていって彫り込んでいきましょう。作例では「sDiv5」まで追加しました。ただし、この段階で完璧に仕上げる必要はありません。ポーズをつける段階で多少なりとも壊れてしまったり、またポーズによって筋肉の形上が変わってくるからです。

「ClayBuildupブラシやClayブラシで盛り付け」→「Smoothブラシで馴染ませる」の流れで筋肉の盛り上がりやくぼみを彫っていきます。「サブディビジョンレベルを少し下げてから盛り付ける（または削る）」→「サブディビジョンレベルを上げる」といった具合に作業することでブラシの跡が残らないようにスカルプトできます（図4-39）。

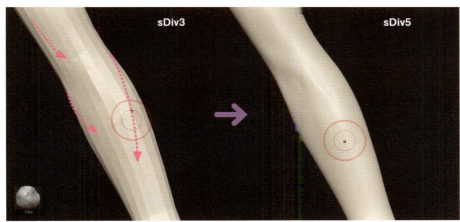

図4-39　肉の盛り付け

また鎖骨のような骨格の凸部分も、「サブディビジョンレベルを少し下げてからClayBuildupブラシで盛り付ける」→「サブディビジョンレベルを上げてスムース」の流れで作成します。さらに、盛り上げた片側にSmoothブラシをかけて馴染ませるとより自然になります（図4-40）。

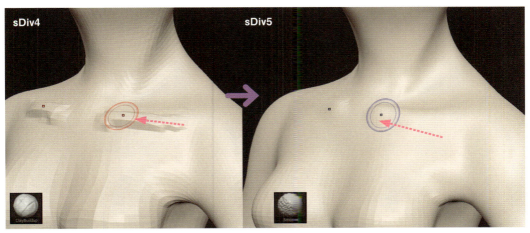

図4-40　鎖骨のスカルプト

首回りなど大きく形状を変える必要がある部分は、サブディビジョンレベルを最低まで下げてMoveブラシで引っ張って頭部にめり込ませます（図4-41）。サブディビジョンレベルを最低まで下げることで、表面の歪みを抑え滑らかに保つことができます。首筋、首回りの筋肉についてもサブディビジョンレベルを活用して彫っておきます。

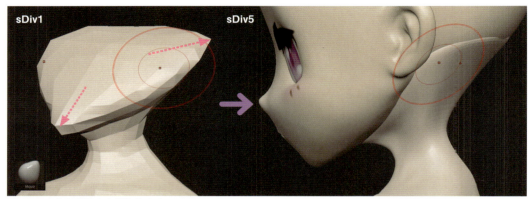

図4-41 首と頭部をめり込ませる

胸やお尻、曲げた腕や脚など、肉と肉が重なり合っている箇所については、溝を彫るのではなく盛り上げた山と山を重ねるようにして表現します。手順としては、次のようになります（図4-42）。

❶サブディビジョンレベルは低めでMoveブラシを使って食い込み部分を押し込む
❷サブディビジョンレベルを少しずつ上げながら、Inflatブラシで膨らませて山の重なりを作成
❸Inflatブラシで盛り上げていくとシルエットが出っ張ってくるので、Moveブラシでシルエット、ボリュームを調整（その際、サブディビジョンレベルを下げてから編集するとメッシュが歪みにくくなります）

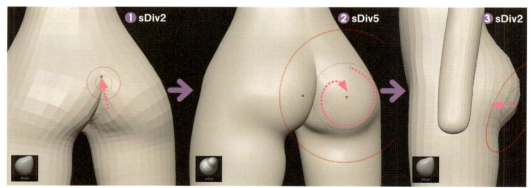

図4-42 重なり合った表現

> **Tips｜Inflatブラシ**
>
> Inflatブラシは「空気入れ」のように内側から膨らませるようなブラシで、ここでやったように丸く盛り上げたいときなどに使います。

胸の形状も同様にして作成していきます（図4-43）。狙った形状に膨らませるのが難しい場合は、Inflatブラシを使う際にマスクをかけてもよいでしょう。

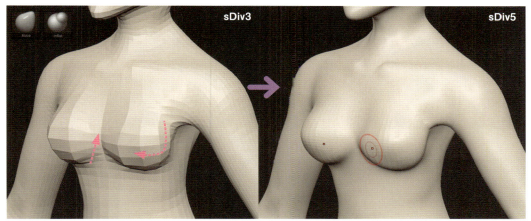

図4-43　胸の作成

このような流れで全体を仕上げていきます（Sample Data：Ch4_02.zpr）。
ポーズ前の段階ではある程度までにしておいて、後々ポーズに合わせて彫り直します（図4-44）。

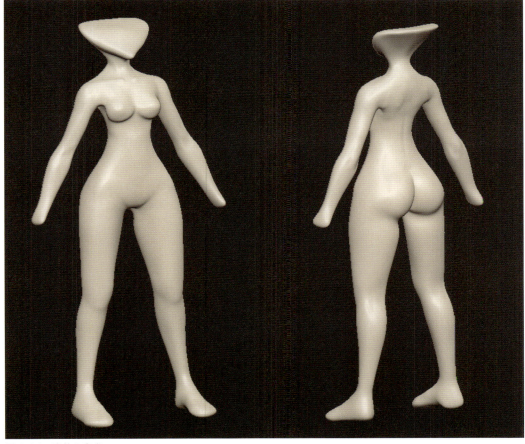

図4-44　素体の完成

Chapter 4 体の制作

またZSphereは古くからある機能の一つですが、「骨組みでバランスを作成」→「ダイナミックサブディビジョンで大まかなシルエットを作成」→「サブディビジョンに変換して彫り込み」といった具合に作業段階がはっきりしているので、球体からブラシで作成する方法よりも形状をとりやすいと思います。図4-45はZSphereを使ったウサギの作例です。

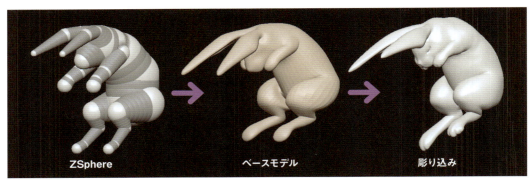

図4-45　ZSphereを使ったウサギの制作例

またZShpereを使うことで、痩せた体型から太い体型、筋肉質な体型などのリアルな人体モデルから今回のような頭身の低いデフォルメキャラクター、上半身の極端に大きいオークのようなキャラクターまで自由に作成できます。さらに人体以外にも翼の生えたドラゴンあるいはタコ、昆虫といった多足生物など、様々なモチーフに応用していくことができます。

弱点としてはすべての断面が「円」でしか作れないことなので、平たいものや断面が三角形、四角形などのものについては別の手法をお勧めします。キャラクターフィギュアの場合、髪の毛などがまさにこれに当たります。こちらは「7-2 髪の毛の配置」で解説します。

4-4 手の作成

手の作り方には様々な手法があります。もちろんZSphereで骨組みから作成することもできますし、ダイナメッシュで球体からブラシで作成していくこともできます。
本書では練習も兼ねてZModelerを使った手法を解説していきます。

4-4-1 ギズモ3D：形状変換

まずはZModelerで編集する際の元となるシンプルな立方体をギズモ3Dを使って作成します。
サブツールに[PolyMesh3D]（星形）を追加し、移動モードに切り替えてギズモ3Dを表示させます。続けて、ギズモ3Dの左上にある「歯車アイコン」をクリックして、図4-46のようなウィンドウを開きます。その中から[PolyCube]をクリックすることで、星型の形状が立方体に置き換わります。

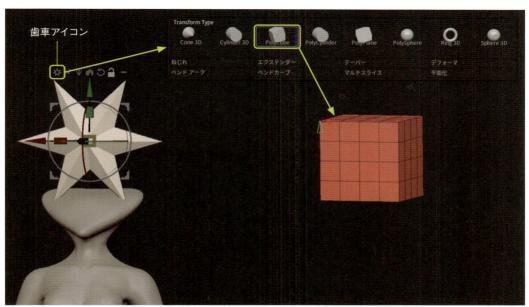

図4-46　メッシュを立方体に変換

> **Memo　ギズモ3Dを使った形状変換**
>
> ここでは星型の形状で解説していますが、ギズモ3Dを使った形状変換は「ZSphere」以外であればどんな形状のメッシュからでも形を変換することができます。この方法は以降の作業の中でも頻繁に出てくるので、手順を覚えておきましょう。

変換直後はギズモ3Dの表示が三角コーンの表示に変化していると思います（図4-47左）。この赤・青・緑のコーンをドラッグすることで各方向の分割数を変えることができます（図4-47右）。
ここでは3方向ともすべて分割がない状態にすることでシンプルな立方体を作成します（図4-47右）。

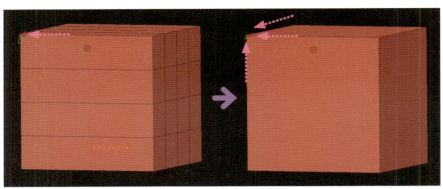

図4-47　ポリゴンの分割設定

ポリゴンの分割設定が終わったら再度「歯車アイコン」をクリックしてウィンドウを開き、[ギズモ3D]をクリックして通常のギズモ3Dの表示に戻しておきます(図4-48)。

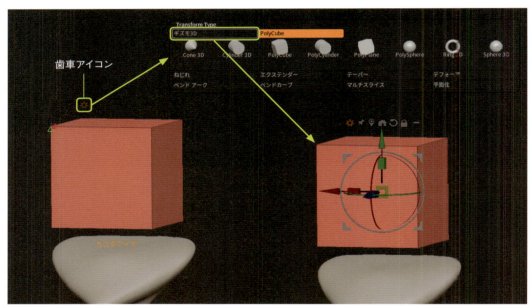

図4-48　表示を通常のギズモ3Dに戻す

このようにZModelerで作成し始める時は、まずは分割の少ないシンプルな立方体・板・円柱・角柱などから開始します。今回は[PolyMesh3D]から変換しましたが、基本的にどんな形状からでも変換できます。

4-4-2 手の作成:甲

この立方体を「手の甲」部分に見立てて作成していきます。ギズモ3Dのスケール(赤のボックス)を使って左右に縮小します(図4-49)。

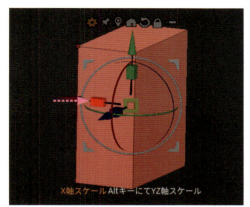

図4-49　左右に縮小

4-4-3 ZModeler:エッジの挿入(均等分割)

平らにしたら次はエッジを縦に4分割します(これは人差し指~小指を4本作成するための分割になります)。
ZModelerの設定を[EDGE ACTIONS→挿入][TARGET→複数エッジループ]にして、さらに下の[MODIFIERS→特定密度]をクリックし「3」を入力します。その状態で横のエッジをクリックすると均等に縦に4分割されます(図4-50)。

図4-50　エッジを均等に分割

また、[MODIFIERS→特定密度]を変更することで、任意の分割に割ることができます。例えば「1」に設定すると1/2に、「2」に設定すると1/3に分割されます。

115

4-4-4 ZModeler：押し出し（ポリゴン）

ZModelerの［押し出し］（［POLYGON ACTIONS→押し出し］［TARGET→単一ポリゴン］の設定）には次の3つの機能が含まれています（図4-51）。

❶ポリゴンの押し出し（ドラッグ）
❷ポリゴンの移動（ドラッグ中にShiftキー）
❸ポリゴンの切り出し（ドラッグ中にCtrlキー）

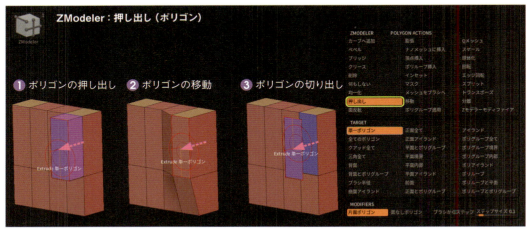

図4-51　ZModeler：押し出し（ポリゴン）

それぞれ押し出した面に対する周囲のつながり方が変化します。
ここでは図のように横に一本エッジを増やしてから、「②ポリゴンの移動」を使って親指の付け根の面に膨らみを作ります。エッジの追加方法を忘れてしまった方は、「4-2-5 ZModeler：エッジの挿入」をご参照ください。

4-4-5 手の作成：指

ZModelerの［POLYGON ACTIONS→押し出し］［TARGET→単一ポリゴン］を使って指を一本ずつ伸ばしていきます（図4-52）。

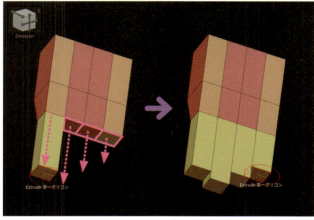

図4-52　指を1本ずつ引っ張っていく

4-4-6 ZModeler：トランスポーズ（ポリゴン）

ZModelerの設定を［POLYGON ACTIONS→トランスポーズ］［TARGET→単一ポリゴン］にします。指の先端の面をクリックすると、移動モードへ切り替わりクリックした箇所以外（TARGETで指定した箇所以外）にマスクがかかった状態になります。その状態で面を横に移動させ指を開きます（図4-53）。

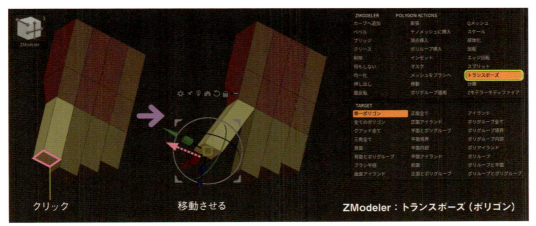

図4-53　ZModelerを使った自動マスク

トランスポーズを使って指を開いたら、ギズモ3Dの赤い円をドラッグして横方向に回転させ、開いた方向に指先の面の向きを合わせておきます（図4-54）。その際、スクリーン回転させてしまうと捻じれてしまうので注意しましょう。

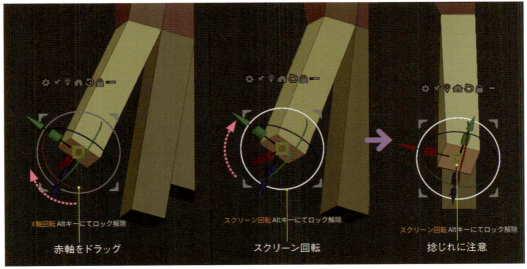

図4-54　ギズモ3Dを使って回転

指同士がくっついていると作業しづらいため、一度ドローモードに切り替え、［POLYGON ACTIONS→トランスポーズ］［TARGET→単一ポリゴン］で他の指先の面をクリックします。ギズモ3Dの移動・回転を使って指の間隔を少しずつ開いておきます。また、指の長さの調整もしておきましょう（図4-55）。

Chapter 4 体の制作

図4-55　トランスポーズを使って指を調整

各指の調整が終わったら、ドキュメント上をCtrl＋ドラッグしてマスクを解除しておきます。

> **Memo　ポリゴンの移動方法**
>
> 本書の制作ではこの［トランスポーズ（ポリゴン）］を使った面の移動方法と、［押し出し］を使ったポリゴンの移動方法（「4-4-4 ZModeler：押し出し（ポリゴン）」参照）を状況によって使い分けていきます。［押し出し］を使ったポリゴンの移動は、移動方向が固定されますが、［トランスポーズ（ポリゴン）］よりも操作が簡素です。一方［トランスポーズ（ポリゴン）］は移動方向を自由に決めることができますが、［押し出し］よりも操作が増えます。

4-4-7 手の作成：親指

親指については、ZModelerの［POLYGON ACTIONS→押し出し］［TARGET→単一ポリゴン］と、［POLYGON ACTIONS→トランスポーズ］［TARGET→単一ポリゴン］を交互に使い、伸ばす→曲げる→伸ばす...の流れで作成していきます。ギズモ3Dのスケールも使って指先に向けて細くなっていくようにするとより親指っぽくなります（図4-56）。ギズモ3Dでのスケールについては「3-5-3 ギズモ3Dを使った移動・スケール・回転」をご参照ください。

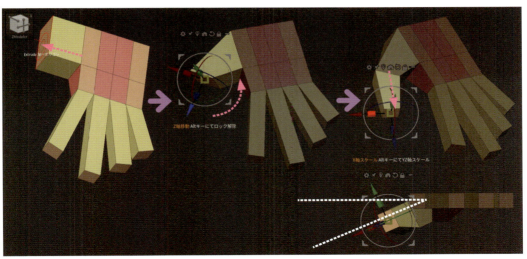

図4-56 親指を伸ばしていく

ここまでの作業で、「手の平」「親指」「その他の指」のそれぞれの大きさや位置関係といったバランスを調整しておくのがコツです。親指は真横ではなく斜め下方向に伸ばしていくほうが力の抜けた自然な手の形になります。

バランスがとれたら、ZModelerの[EDGE ACTIONS→挿入][TARGET→単一エッジループ]を使って指関節部分にエッジを追加します（図4-57）。

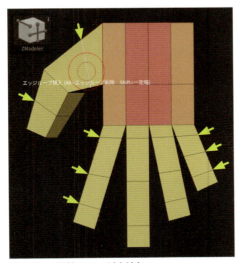

図4-57 関節のエッジを追加

エッジの追加後に指の向きやバランスを変えようとすると、増やしたエッジも動かさないといけない分、作業難易度が上がってしまいます。修正する場合は一度エッジを削除して、関節のエッジを増やす前（図4-56）の状態に戻してから修正することをお勧めします。エッジの削除については「4-2-4 ZModeler：エッジの削除」をご参照ください。

4-4-8 手、指の大まかなラインの作成

このローポリのラフモデルに対し、ダイナミックサブディビジョンの状態でMoveブラシを使って形状を整えていきます。以下のようなラインを意識して調整しましょう（図4-58）。ダイナミックサブディビジョンについては「4-2-7 ダイナミックサブディビジョン」「4-2-8 大まかなボディラインの作成」を参照してください。

❶ 指の先端
❷ 人差し指〜小指の付け根の高さ
❸ 親指付け根の膨らみ
❹ 手の甲側、人差し指〜小指の第三関節の山

[PolyCube]から作る場合はほとんどの角が90°で構成されていて、スムースがかかっても一律の曲面になってしまい、人間味の薄い味気ない形状になってしまいます。ダイナミックサブディビジョンはオンにした状態でMoveブラシを使ってどんどん形を崩していきましょう。

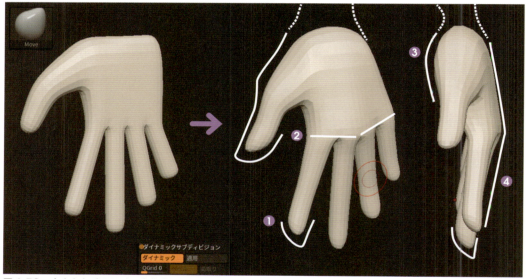

図4-58　大まかな手のラインを作成

指先を例にすると、爪側の頂点2つを突き出すだけでもある程度表現できます（図4-59）。図右はローポリ状態時の参考です。

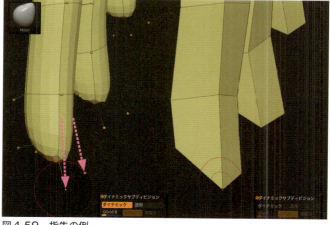

図4-59　指先の例

4-4-9 ギズモ3Dの位置のリセット

移動モードにしてギズモ3Dを表示すると、ギズモ3Dの中心の位置と矢印の向きがずれてしまっていると思います（図4-60）。これはZModelerのトランスポーズでギズモ3Dの位置と方位が自動的に変更されたためです。

このあと手の位置・サイズ・向きを体に合わせて調整していくにあたり、まずはギズモ3Dの「位置」と「方位」をリセットしておきましょう。

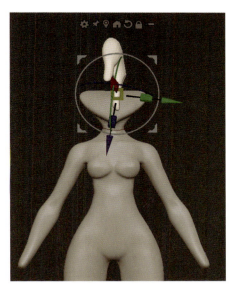

図4-60　ずれてしまったギズモ3D

シンメトリをオフにした状態で［マスクなしへ移動］（ピンアイコン）をクリックして位置をリセットします（図4-61）。これにより、手のサブツールの中心にギズモ3Dが移動します。シンメトリがオンの状態だと、メッシュの中心に移動しないので注意してください。

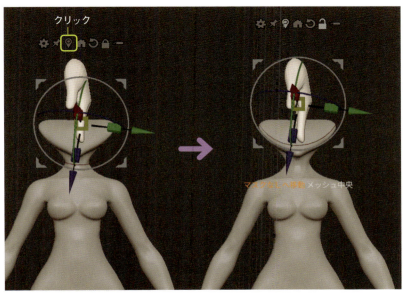

図4-61　ギズモ3Dの位置のリセット

4-4-10 ギズモ3Dの方位のリセット

続けて方位をリセットしましょう。Altキーを押しながら[方位リセット]（回転アイコン）をクリックします（図4-62）。これにより、ギズモ3Dの向きがX,Y,Z方向にリセットされます。

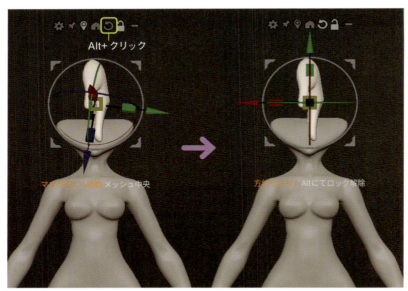

図4-62　ギズモ3Dの方位のリセット

4-4-11 手の作成：位置・サイズ合わせ

リセットできたら腕の位置まで移動させ、スケールをかけてサイズを調整します。
腕の先端にめり込ませておき、手・体側ともにMoveブラシでめり込み具合を調整しておきましょう（図4-63）。

図4-63　体に合わせて調整

調整が終わったらダイナミックサブディビジョンから実際のサブディジョンレベルに変換しておきます。変換方法については「4-3-1 ダイナミックサブディビジョンを変換」をご参照ください。

4-4-12 サブツールのミラーコピー

[Zプラグイン→サブツールマスター→ミラー]を実行すると、図4-64のようなオプションウィンドウが開きます。左右にミラーコピーする場合であればデフォルトのままで[OK]をクリックすれば逆側に反転されて複製されます。

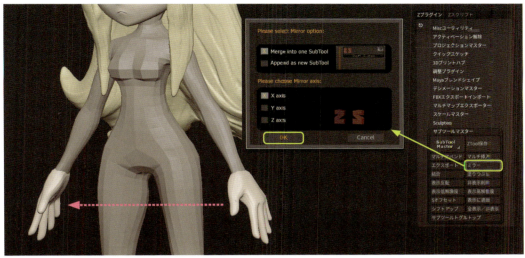

図4-64 ミラーコピー

> **Tips　ミラーコピーのオプション**
>
> オプションウィンドウの上段の[Marge into one Subtool]は、ミラーコピーを一つのサブツール内で行い、[Append as new Subtool]はコピーしたものを別のサブツールに分けるかどうかの選択になります。また、オプション下段についてはミラーする軸の方向(左右、上下、前後)の設定です。
> [Marge into one Subtool]ではポリグループが消えてしまうため、ポリグループを残したい場合は[Append as new Subtool]でコピーした後、手動でサブツールを結合するする必要があります。

本書では手の制作はここまでで一区切りにしますが、もう少し作り込む場合は「4-3 素体の作成」の流れと同様の流れで作り込んでいきます。
ただし指もポーズを作成する際に彫り込んだ形状が壊れてしまうことが多いのでほどほどにしておいて、作り込むのは指を曲げてからのほうがお勧めです。

Chapter 4 体の制作

4-5 服のラフモデルの作成

ポーズをとらせる前に服パーツを簡単に用意します。
服のデザインにもよりますが、素体のイメージと服を着た後のイメージでは大きく印象が変わることがあります。例としてはスカートの丈や位置によって足が短く見えてしまったり、上着のシルエットによって胴長に感じてしまったり、着太りする場合もあります。
早めにイメージを固めるため、ニュートラルのポーズ（Yスタンス）でバランスの確認をするためだけの簡単なラフモデルを作成しておきます。

4-5-1 サブディビジョンレベルの削除

まずは［ツール→サブツール→複製］で体のサブツールを複製しておきます。この複製したサブツールを服のパーツの切り出し用として使っていきます。
サブディビジョンレベルを1に下げて［ツール→ジオメトリ→高レベル削除］を実行して、今のサブディビジョンレベルより高いレベルをすべて削除します（図4-65）。ここではsDiv2～sDiv5が削除されます。
サブディビジョンレベルがあるとZModelerが使えないため、ここでは削除してしまいましょう。また今は使いませんが、［低レベル削除］を使うことで逆に選択しているサブディビジョンレベルより低いレベルを削除することもできます。

図4-65 サブディビジョンレベルの削除

4-5-2 ZModeler：ターゲットの直接指定

ZModelerを［POLYGON ACTIONS→押し出し］［TARGET→単一ポリゴン］に設定します。ZModelerでは、Altキーを押したままメッシュ上をドラッグすることでポリグループを白色にすることができます。これにより、ZModelerの機能のターゲットを直接指定できます。
ここでは切り出す上着部分を白に指定します。背中側も忘れずに指定しましょう（図4-66）。

図4-66 Altキーでターゲットの直接指定

ZModelerの［POLYGON ACTIONS→押し出し］［TARGET→単一ポリゴン］で、指定した部分をドラッグしながらCtrlキーを押してポリゴンをまとめて切り出していきます。体から少しだけ浮く程度で大丈夫です（図4-67）。押し出し機能の詳細は「4-4-4 ZModeler：押し出し（ポリゴン）」をご参照ください。

4-5 服のラフモデルの作成

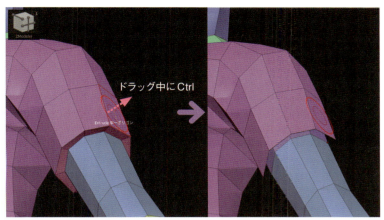

図4-67　上着の切り出し

このようにAltキーで指定することで欲しいポリゴン部分をすぐに切り出すことができます。また ZModelerのポリゴンの機能（トランスポーズなど）であれば、このAltキーを使った範囲指定が可能です。

4-5-3 サブツールのスプリット：シェル分割

切り出しが完了したら、この板状のポリゴンを別のサブツールへ分離します。［ツール→サブツール→スプリット→シェル分割］で繋がっていないポリゴンを別のサブツールへ分離できます（図4-68）。また「4-4-12 サブツールのミラーコピー」で反転コピーした手のサブツールを再び左右で分けたい場合にもこの［シェル分割］で行えます。

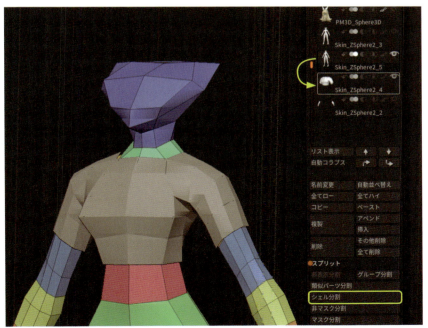

図4-68　繋がっていないポリゴンを別サブツールへ分離

この流れで他にも腰に巻いているリボン部分、スカート部分を切り出していきます（図4-69 〜 70）。切り出した後は形状をSnakeHookブラシ、Moveブラシなどで変形させておきます。

Chapter 4　体の制作

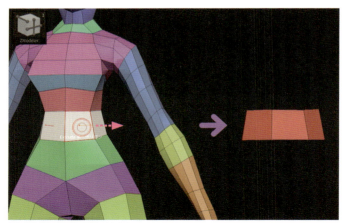

図4-69　リボンの切り出し

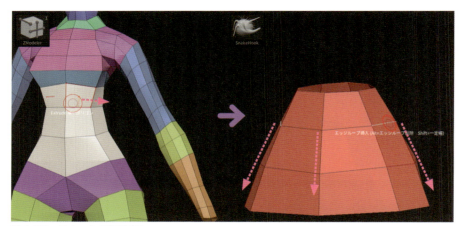

図4-70　スカートの切り出し

Tips | **SnakeHookブラシとMoveブラシ**

ローポリモデルの形状を編集する際はSnakeHookブラシがお勧めです。Moveブラシと違ってペンのストローク通りに素直に頂点を引っ張ることができます（図4-71）。

SnakeHookブラシの注意点として、ブラシ設定の[RGB]がオンになっており、引っ張るのと同時にポリペイントまで塗られてしまう点です。必要に応じてオフにしておきましょう。ブラシの[RGB]の設定については「3-4-9 Smoothブラシでポリペイントが滲まないようにする」をご参照ください。

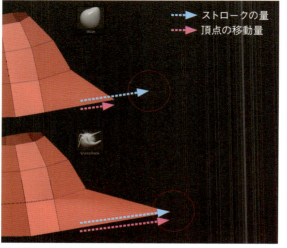

図4-71　SnakeHookブラシとMoveブラシ

4-5 服のラフモデルの作成

4-5-4 表示設定：両面

厚みのない板状のポリゴンは裏面の表示が消えてしまっています。［ツール→表示設定→両面］で裏面も表示することができます（図4-72）。
板状のポリゴンで作業するときは両面表示にしておくと見やすくなります。

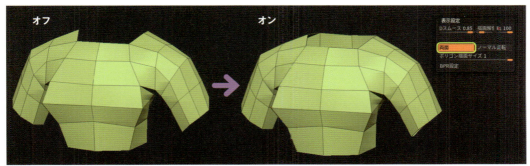

図4-72　ポリゴンの両面表示

4-5-5 服のシルエットをみて再調整

このようにシルエットが確認できる程度でよいので服のパーツをざっくり用意します。小さいパーツやシルエットに影響しない部分（襟、前掛けなど）は作る必要はありません。
この状態で改めて体のバランス、頭身などを見直します。ここでは腕を短く・手を小さく・足を長くといった調整を行いました（図4-73）。これで素体の完成です（Sample Data：Ch04_03.zpr）。

図4-73　バランスの見直し

Chapter 4 体の制作

まとめ

まずは機能を覚えながら、作例や作りたいキャラクターを作成してみてください。機能が身についてきたら、自分で考えて体を作成することを目標にしましょう。人体構造（骨、筋肉の位置関係、筋肉がどこから伸びてどこに繋がっているかなど）を理解した上で作成することが大切です。

イラストやフィギュアなど他の人の作った作品を参考にするのもよいですが、それらは作者の個性によって情報が足されたり引かれたりしてその人の作品になっています。イラストを描ける人が3DCGを作ると1体目から比較的うまく作れるというのは、人体構造の基礎知識とその足し算引き算がすでに頭の中にできているからだと思います。逆にまったく初めての場合は機能も習得しつつ人体構造も基礎から学ばなければなりません。ですが同時に2つのことを並行で覚えるというのは大変です。1体目から完璧を目指すのではなく、まずは機能に慣れてから2体目、3体目と作る中で造形力を徐々にスキルアップさせていきましょう。

詳しい人体構造については本書では省かせてもらいましたが、わかりやすい人体解剖図の美術解説書やデッサンの専門書なども多く出ていますし、ネットやスマホアプリで3Dモデルを360°回しながら見れる便利なものもあるので自分に合ったものを探してみてください。またヌードデッサン会などに参加して実際に勉強するのも良いと思います。

Chapter 5

パーツの制作

このあとのChapter6からはポージングの作業になるため、甲冑などの鎧・メカといった左右対称に作成する必要のあるものは、ここでシンメトリを活用しながらベースモデルを作っておくことで後々作業が楽になります。このChapterではZModelerの解説を中心に、無機物・メカパーツを作成していきます。

【習得内容】
・ZModelerを使った無機物、メカパーツの作成方法

【習得機能】
　[ZModeler]
　穴を閉じる／トランスポーズ(エッジ)／クリース／頂点のスライド／円形の分割を作成／Qメッシュ(ポリゴン)／ポリゴンの削除／インセット／ブリッジ／頂点の接続／何もしない／スケール(ポリゴン)

　[サブツール]
　グループ分割／結合／抜き出し

　[シンメトリ]
　シンメトリの軸の変更／放射状シンメトリ

　[表示]
　表裏の反転

Chapter 5 パーツの制作

5-1 靴の作成

まずは靴の作成から進めていきましょう。ポーズを取らせる際に足首やつま先を曲げる必要が出てきますが、両者とも大きく捻ったり折れ曲がる部分ではないのでシンメトリが使える状態のうちに作成します。

5-1-1 靴の作成：上部分

前のChapterで服を切り出すために複製した体のサブツールから、今回は靴部分のポリゴンを切り出してベースを作成していきます（図5-1）。

❶ ZModelerの[押し出し]を使って板ポリゴンを作成
❷ [シェル分割]で別サブツールへ分けた後、SnakeHookブラシで形状を整える
❸ ダイナミックサブディビジョンをオンにして形状を確認

[押し出し]についての詳細は「4-4-4 ZModeler：押し出し（ポリゴン）」を、[シェル分割]については「4-5-3 ナブツールのスプリット：シェル分割」を参照してください。

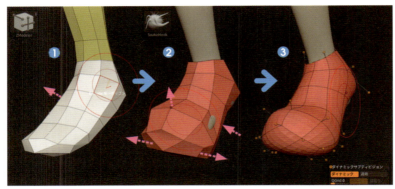

図5-1　靴上部のポリゴンの切り出し

ざっくり形状が整ったらダイナミックサブディビジョンを[適用]してsDiv3に変換し、さらに[ディバイド]で表面が滑らかになるまでサブディビジョンレベルを追加します。
ここではsDiv6まで追加しました。

sDiv2〜3ぐらいのレベルでSnakeHookブラシを使って整え、sDiv6の状態で確認します。作例では足首に沿って縁を合わせ、つま先の丸みの調整をしました（図5-2）。

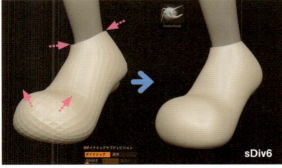

図5-2　サブディビジョンレベルを使って調整

形状がとれたら[Zリメッシュ]を使ってポリゴンの分割を整えます。[Zリメッシュ]の説明は「3-7-2 Zリメッシュを使ったローポリ変換」を参照してください。
今回Zリメッシュの設定は[目標ポリゴン数]を0.4、[グループ保持]をオフに設定しました（図5-3）。

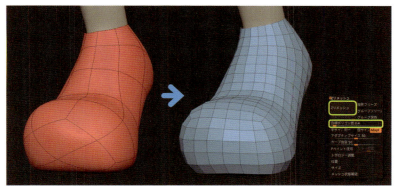

図5-3　Zリメッシュをかけてポリゴンを整頓

5-1-2 ZModeler：穴を閉じる

ZModelerを[EDGE ACTIONS→閉じる][TARGET→凸面の穴][MODIFIERS→ポリグループ平面]に設定します。穴の開いたエッジをクリックもしくはドラッグすることで、穴を閉じることができます。閉じる際に上下にドラッグすることで内側の分割数が変化します。ここでは内側に1本エッジを入れておきます（図5-4）。

図5-4　ZModelerを使って穴を閉じる

5-1-3 ZModeler：ポリゴンの削除

次にソール部分を別パーツで作成していきます。
「4-4-1 ギズモ3D：形状変換」を参考に分割のない立方体（PolyCube）を作成し、足の裏あたりに移動させます。
移動させたらZModelerの[POLYGON ACTIONS→削除][TARGET→単一ポリゴン]を使って上面のポリゴン以外をAltキーで指定してまとめて削除し、単純な板ポリゴンにします（図5-5）。このように、薄いパーツはたいてい板ポリゴンから作成してあとから厚みをつけていくことが多いです。

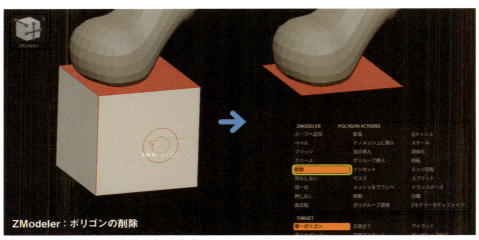

図5-5 PolyCubeから板ポリゴンを作成

> **Memo** 板ポリゴンの作成方法について
>
> ここでは「板ポリゴン（PolyPlane）」ではなく、あえて「立方体（PolyCube）」から開始していますが、これには2つ理由があり、1つは板ポリゴンの場合、厚みのない方向からの視点では表示が消えてしまい位置合わせがやりづらいということと、もう1つは、板ポリゴンを1つ作成するだけでも複数の方法があるということを知っておいて欲しかったためです。
>
> 今回に限らず、ZBrushは非常に多機能で自由度の高いソフトであることから「この方法が絶対に正しい」ということはありませんので、色々な方法を試し、その中で自分のスタイルに合った方法を確立していってください。

5-1-4 靴の作成：ソールの形状作成

頂点を移動させて靴の形に合わせていきます。
視点を真下にした状態でSnakeHookブラシを使うことで板ポリを前後に歪むことなく編集することができます。ZModelerの［EDGE ACTIONS→挿入］［TARGET→単一エッジループ］で時折エッジを追加しながら足裏に形を合わせていきましょう（図5-6）。

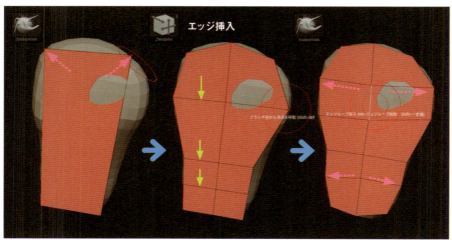

図5-6 板ポリゴンで靴底を作成

この板ポリを靴上部に合わせて貼り付けていきます。
まずはZModelerでかかと部分を範囲指定し、[POLYGON ACTIONS→トランスポーズ][TARGET→単一ポリゴン]でクリックします。表示されたギズモ3Dを使って移動・回転させて足裏（かかと部分）に合わせます（図5-7）。トランスポーズの詳細は「4-4-6 ZModeler：トランスポーズ（ポリゴン）」を参照してください。

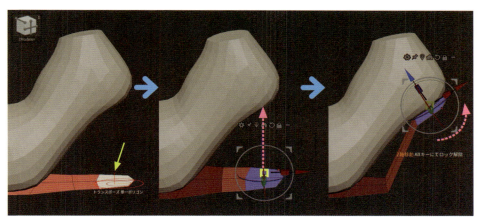

図5-7　板ポリゴンをかかとに合わせる

5-1-5 ZModeler：トランスポーズ（エッジ）

ZModelerを[EDGE ACTIONS→トランスポーズ][TARGET→完全エッジループ]に設定し、ソールの横方向のエッジをクリックします。こちらはエッジに対するトランスポーズで、エッジをまとめて移動させたいときに便利です。
ギズモ3Dの方位のリセットすれば真上に移動させることができます（図5-8）。トランスポーズ（ポリゴン／エッジ）を使って板ポリを足裏に合わせていきましょう。方位のリセットについては「4-4-10 ギズモ3Dの方位のリセット」を参照してください。

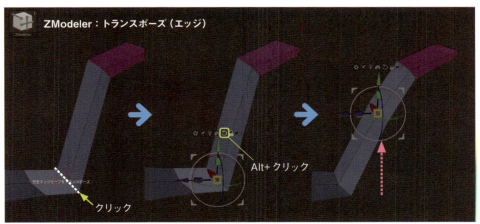

図5-8　ZModelerでエッジをまとめて移動

5-1-6 靴の作成：ソールに厚みをつける

足裏へ位置合わせが終わったら厚みをつけていきます。
ZModelerを[POLYGON ACTIONS→押し出し][TARGET→全てのポリゴン]に設定し、ポリゴンをドラッグして全体に厚みをつけます（図5-9）。

Chapter 5 パーツの制作

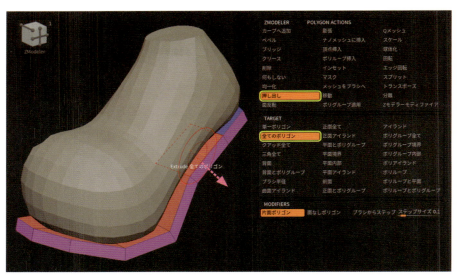

図5-9　ZModelerで厚みを追加

[TARGET]が[単一ポリゴン]だとクリックしたポリゴンのみ、もしくは事前にAltキーで指定した箇所だけだったのに対し、[全てのポリゴン]に変更することでポリゴン全体に適用されます。

5-1-7 ZModeler：クリース

このままダイナミックサブディビジョンをオンにしてみると、角が丸くなってワラジのような形状になるのが確認できます。ダイナミックサブディビジョンをオンにしてもスムースがかからないように、厚みの角部分のエッジにクリースをかけてハードエッジのソール形状を作成しましょう。

ZModelerを[EDGE ACTIONS→クリース][TARGET→完全エッジループ]に設定して厚み部分のエッジをクリック（上下2ヵ所）してエッジにクリースをかけます（図5-10）。

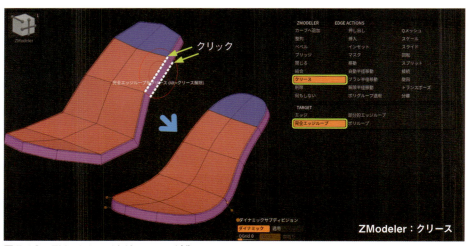

図5-10　ZModelerでクリースエッジ化

Chapter3で一度解説していますが、クリースされたエッジは2重で表示されます。また、エッジのクリースを解除するときはAltキー＋クリックで解除できます。

5-1-8 靴の作成：ヒール

かかと部分をZModelerで範囲指定し、[POLYGON ACTIONS→押し出し]で引っ張り出します。さらに引っ張り出した底面を範囲指定し、[POLYGON ACTIONS→トランスポーズ][TARGET→単一ポリゴン]でクリックしたあと、ギズモ3Dを使って位置・角度・サイズを調整します（図5-11）。

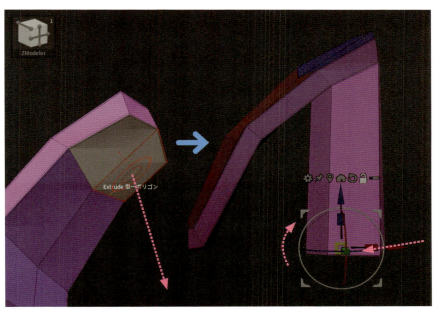

図5-11　ZModelerを使ってヒールを作成

押し出したヒール部分にもクリースをかけてハードエッジにしていきますが、先ほどツールで設定した[TARGET→完全エッジループ]のままだとクリースをかけたくないエッジにまでクリースがかかってしまいます（図5-12中央）。そこでターゲット設定を[TARGET→エッジ]に変更することで、1本ずつ個別に適用することができます（図5-12右）。

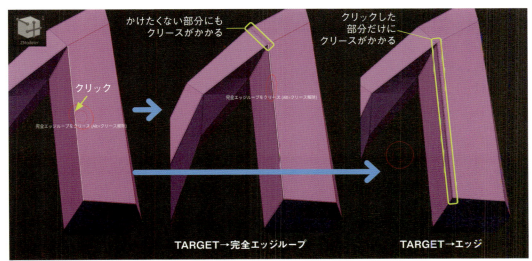

図5-12　[完全エッジループ]と[エッジ]の比較

図5-13は1本ずつクリースをかけていったあとの参考画像です。押し出し前のかかと部分はクリースをかける必要がないエッジなので、Altキー＋クリックで解除しておきます。

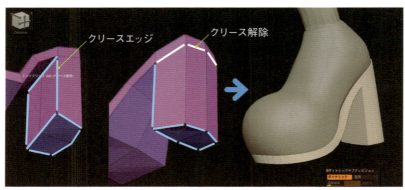

図5-13　クリースエッジ参考

5-1-9　靴の作成：ソールにディテールを追加

最後にソールの凹凸のデザインを追加します。
範囲を指定後、ZModelerの［POLYGON ACTIONS→押し出し］［TARGET→単一ポリゴン］で段差を作り、「エッジのクリース」および「エッジの挿入」でハードエッジのコントロールをします（図5-14）。

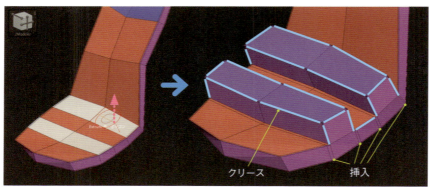

図5-14　凹凸の追加

> **Tips　クリースと挿入**
>
> ここでは、一部クリースではなく「挿入」を使ってハードエッジのコントロールをしています。
> これはクリースを入れた箇所（形状）によっては、ダイナミックサブディビジョンをオンにしたときにポリゴンに歪みが発生してしまうことがあるためです（図5-15左）。そのようなケースでは、「挿入」でエッジの間隔を寄せてハードエッジを作成しています（図5-15右）。形状によって発生したりしなかったりするので、こまめにダイナミックサブディビジョンで形状を確認しながら臨機応変に対処しましょう。
>
>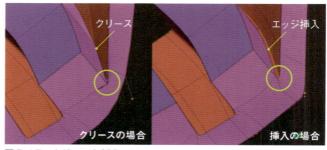
>
> 図5-15　クリースと挿入

5-1-10 ZModeler：頂点のスライド

前述のエッジの挿入（ハードエッジ）によってソール底部のラインが一部鋭くなってしまっているかと思います。そういった箇所は、ハードエッジを形成しているエッジの間隔を少し広くすることで解消できます。

ZModelerの[POINT ACTION→スライド]に設定し、幅が狭いエッジ部分の頂点をドラッグして間隔を広げ、適度なアールに調整します（図5-16a）。反対側も同様に広げておきましょう。

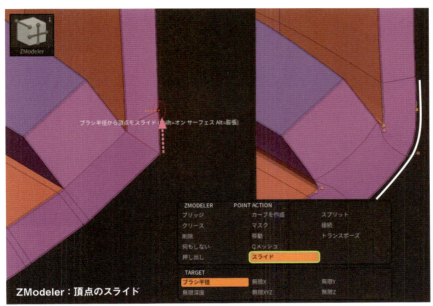

図5-16a　ZModelerで頂点をスライド

これでソール部分の完成です（図5-16b）。

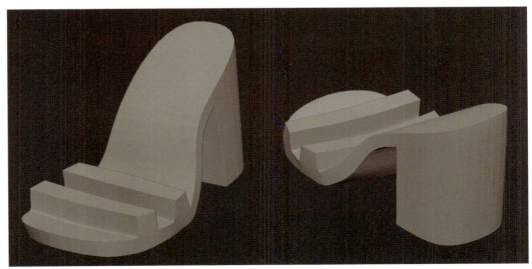

図5-16b　ソール部分の完成

5-1-11 靴の作成：プレートの板ポリゴン作成

次に、靴の上に付いている簡単なプレート的なパーツを作成していきます。
まずは「5-1-3 ZModeler：ポリゴンの削除」でやったように、適当なサブツールを追加し、ギズモ3Dの形状変換から今回は[PolyCube]ではなく[PolyPlane]を選択して板ポリから開始します。[PolyCube]時と同様にポリゴンの分割を変更できるので、縦に4分割のみに設定します（図5-17）。

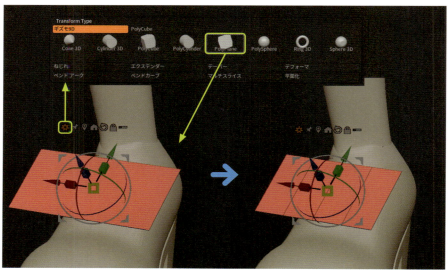

図5-17　板ポリを配置

"動かしたくない頂点"に選択範囲でマスクをかけたら、ギズモ3Dを使って両端を同時に曲げます（図5-18）。

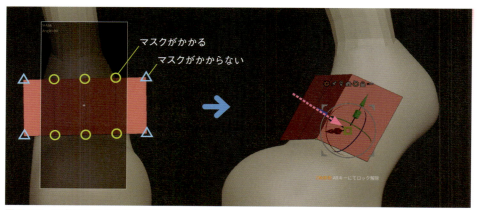

図5-18　頂点にマスクをかけて板ポリを曲げる

> **Memo** ローポリモデルのマスク
>
> ハイポリモデルではあまり意識する必要はありませんが、今回のようにローポリモデルにマスクをかける際は、"動かしたくない頂点"にマスクの範囲がかかるようにする必要があります。マスクの黒色表示では判断しにくいので、ブラシでマスクをかけるのではなく範囲選択でかけるようにするのがおすすめです。

ソール部分と同様の流れで、ZModelerの[EDGE ACTIONS→挿入][TARGET→単一エッジループ]でエッジを追加し、SnakeHookブラシで形状を整えます(図5-19)。

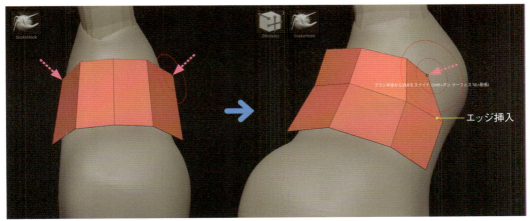

図5-19 プレートの形状を大まかに作成

5-1-12 表示設定：裏表の反転

ある程度形状が取れたらZModelerの[POLYGON ACTIONS→押し出し][TARGET→全てのポリゴン]を使って厚みをつけます。板ポリから厚みをつける際に、押し出す方向によっては表示が裏返ってしまうことがあります(図5-20左)。画像だと伝わりにくいかもしれませんが、表面と裏面が反転している状態です。

反転してしまったら[ツール→表示設定→ノーマル反転]で修正できます(図5-20右)。

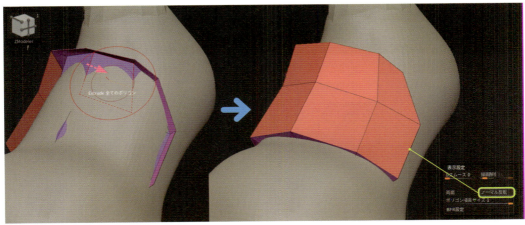

図5-20 表示の裏表の反転

5-1-13 靴の作成：プレートにハードエッジをつける

厚みをつけたらダイナミックサブディビジョンで形状を確認しならがらエッジのコントロールをしていきます。靴に合わせた曲面を維持しつつ、カッチリとしたハードエッジを作成していきましょう。
まずはソール部分と同様に厚み部分のエッジにクリースをかけます（図5-21左）。これだけでは図下段（ダイナミックサブディビジョンの状態）のように縁の角が完全に丸くなってしまいます。

そこでエッジとエッジの中間あたりにさらにエッジを挿入します（図5-21中央）。少し改善されましたが、もう少しカッチリとさせていきましょう。

ZModelerの [EDGE ACTIONS→スライド] のターゲットを [TARGET→エッジ] にして、角を出したい部分のエッジ（厚みの部分のエッジ単体）をスライドさせて幅を寄せます（図5-21右）。

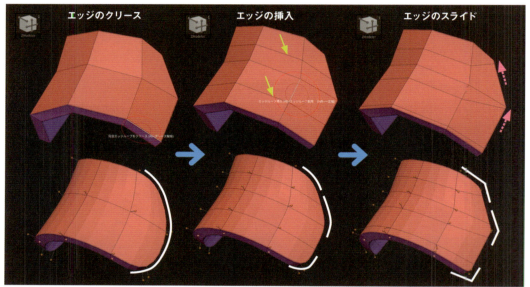

図5-21　曲面を維持しながらハードエッジを作成する

そこからさらに [EDGE ACTIONS→挿入] [EDGE ACTIONS→スライド] を使って微調整を行い、角がハードに出るように加工します（図5-22）。これでプレートのベースは完成です。

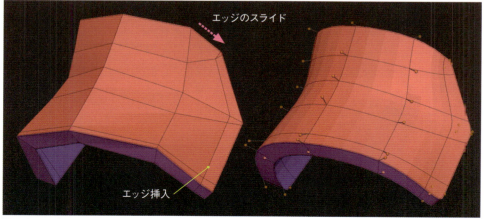

図5-22　プレートのベース完成

今回はフルカラー石膏で出力する都合で靴とプレート部分に隙間や空間ができないようにSnakeHookブラシなどで完全にめり込ませておきましょう（図5-23）。
めり込んでいる部分はブラシで触ることはできませんが、ブラシサイズを大きくするか、単体表示にすることで編集することができます。

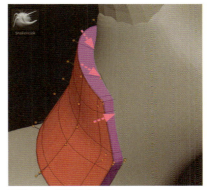

図5-23　隙間を埋める

5-1-14 靴の作成：調整

最後にMoveブラシ、SnakeHookブラシ等を使って各パーツの重なり具合を調整します。すべてダイナミックサブディビジョンをオンにした状態で調整していきます。凹凸の強さは視点を引いた状態で視認できるぐらい大きめにつけておきましょう（図5-24）。

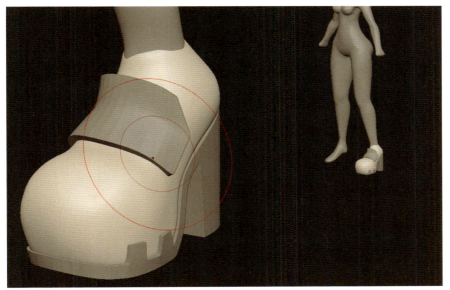

図5-24　形状の調整

このようにダイナミックサブディビジョン時にスムースがかかって丸くなる部分と、ハードエッジになる部分というのをいかにコントロールしていくかがポイントになります。
ディテールについてはポーズを作成した後に追加していきます。

> **Memo　実際のスケール感について**
>
> ZBrushでの段差の大きさ（凹凸のサイズ感）ですが、「やりすぎかな?」ぐらいの気持ちで作成しておくと良いです。
> 画面を拡大して作業しているとつい小さくしがちですが、最終的に出力するサイズ感に合わせて一度視点を引き、凹凸が視認できるレベルかどうか確認してみましょう。作業中は視点を引いて確認するクセをつけておくと良いです。

Chapter 5 パーツの制作

5-2 眼帯の作成

眼帯も基本的には靴のプレート部分と同じような流れで作成していきます。

5-2-1 眼帯の作成：ベース

眼帯部分は主に立方体で構成されているため、[PolyCube]から作成していきます。追加したサブツールを[PolyCube]に変換し、分割は縦・横・前後で1本ずつ入れておきます。

ギズモ3Dのスケール・移動を使って眼帯の大きさと位置を合わせます。
側面部分のみAltキーで指定後、ZModelerの[POLYGON ACTIONS→トランスポーズ][TARGET→単一ポリゴン]で後ろに移動させて、顔の側面形状に合わせます（図5-25）。

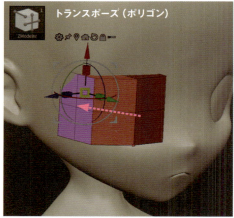

図5-25　顔に合わせる

ZModelerの[EDGE ACTIONS→トランスポーズ][TARGET→完全エッジループ]で中央の縦エッジをクリックし、この縦エッジのみギズモ3Dで移動できるようにします。ギズモ3Dの方位がずれてしまっている場合は、方位をリセットしてから真横方向に移動させます（図5-26）。

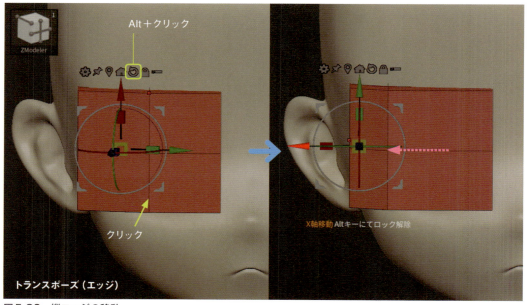

図5-26　縦エッジの移動

ZModelerの[EDGE ACTIONS→挿入][TARGET→単一エッジループ]を使って眼帯上部の出っ張りを作るためのエッジを追加します。追加できたら[POLYGON ACTIONS→押し出し][TARGET→単一ポリゴン]でAlt＋ドラッグで指定後、押し出します（図5-27）。

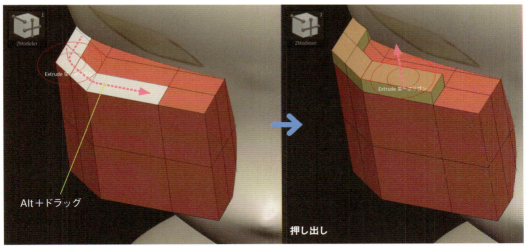

図5-27　エッジを増やして押し出しで出っ張りを作る

あとはZModelerを使ってクリースエッジをかけてハードエッジのコントロールをします（図5-28）。クリースについては「5-1-7 ZModeler：クリース」、クリースの指定方法については「5-1-8 靴の作成：ヒール」を参考にしてください。

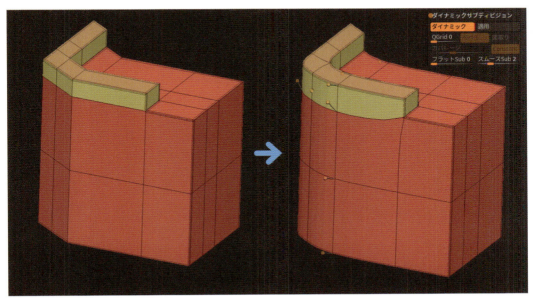

図5-28　眼帯のクリースエッジ参考

5-2-2 ZModeler：円形の分割を作成

眼帯にディテールを追加していきます。上部に丸い穴のくぼみを作っていきましょう。
まずはZModelerのエッジの挿入およびスライドを使って、穴を開けたい部分のポリゴンをなるべく正方形、かつ中心にエッジが通るような分割にします。そのあとZModelerの[POINT ACTION→スプリット]に設定し、中心の頂点をドラッグすると内側に円状の分割が追加されます。（図5-29）。

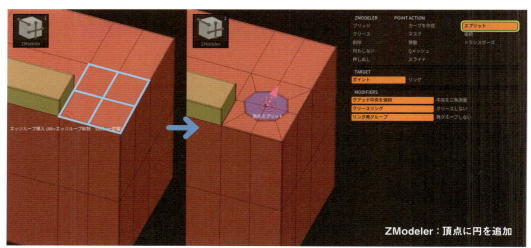

図5-29　頂点を中心に円状に分割を追加

続けてZModelerの[POLYGON ACTIONS→押し出し][TARGET→ポリアイランド]に設定して、作成された円状の部分をまとめて押し込みます。（図5-30）。

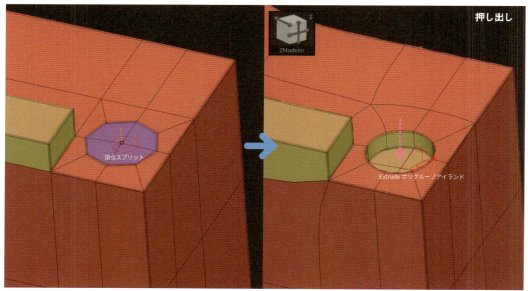

図5-30　ポリアイランドで指定して押し込み

Tips　ポリアイランドについて

[TARGET→ポリアイランド] とは、「ひと続きのポリグループ」を指定範囲にする設定です。同じ色のポリグループであっても繋がっていない場合は無視されます。
一方、[TARGET→ポリグループ全て] では同じ色のポリグループは繋がっていなくても指定範囲に含まれます（図5-31）。

このため、[ポリグループ全て] で実行するクセをつけてしまうと見えていない裏側に同じポリグループがあった場合、気づかずに押し出されていたり削除されていたりする事故が発生します。なるべく [ポリアイランド] で指定するほうがお勧めです。

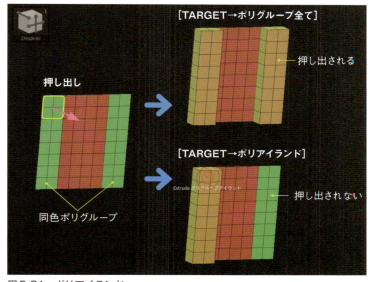

図5-31　ポリアイランド

5-2-3 眼帯の作成：パーツの追加

眼帯の残りのパーツもこれまでと同じ流れで作成していきます（図5-32）。いきなり分割を増やさずシンプルに作っていくのがコツです。

まず形状変換で [PolyCube] を作成したら、[トランスポーズ（ポリゴン）] で台形を作成します（図5-32左）。エッジを追加し、[トランスポーズ（エッジ）] で大まかな形状を作成したら（図5-32中央）、さらにエッジの挿入（均等分割）を使って3等分のエッジを追加して、一番右端（先端）のエッジの間隔を [エッジのスライド] で広げます（図5-32右）。

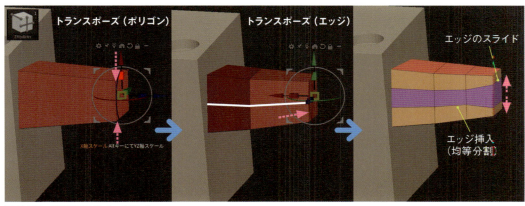

図5-32　眼帯部分のパーツ作成

Chapter 5 パーツの制作

5-2-4 ZModeler：Qメッシュ（ポリゴン）

先ほど作成した台形状のポリゴンを、ZModelerの［POLYGON ACTIONS→Qメッシュ］で削り取るようにして凹みを作成します。図5-33のように、押し込みたい深さの箇所にエッジを追加後、押し込みたい面を指定しドラッグすることで段差を作成できます。

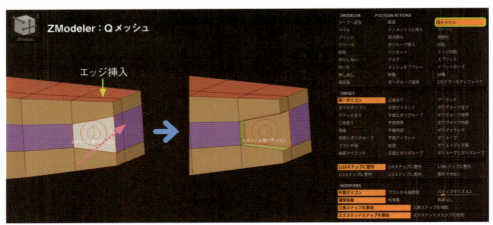

図5-33　Qメッシュで削り取る

> **Memo　Qメッシュと押し出しについて**
>
> ［Qメッシュ］は動作自体は［押し出し］と一見同じですが、押し出す際に周りのポリゴンに吸着するようにポリゴン同士をくっつけたり削ったりすることができる機能です。
> 今回のように角部分の面に段差を作る場合は［押し出し］ではなく［Qメッシュ］を使って削ることで段差を作成できます。［押し出し］の場合だと角部分に板状のポリゴンが残ってしまいます。
> 逆に［Qメッシュ］だと周囲のポリゴンにくっついてしまってうまくいかない場合は［押し出し］を使うようにしましょう。

凹みを作成したらエッジにクリースをかけてハードエッジをコントロールしてこのパーツは完成です。最後にこのサブツールを複製し、サイズ・位置・回転を使って眼帯に合わせれば眼帯のベースモデルの完成です。その他のディテール（ハートマークの凹凸など）はポーズをつけたあとの仕上げで追加します。

> **Tips　サブツールの選択切替**
>
> サブツールの数が増えてくると、リストからサブツールを選択するのが面倒になってきます。そういった場合は、Altキーを押しながら選択したいメッシュをクリックすると簡単にサブツールの選択を切り替えることができます（図5-34）。
> 図では移動モードで行っていますが、ドローモードでも可能です。頂点をクリックしないと選択できない（ポリゴン、エッジでは選択不可）ので、ローポリの場合はクリックする箇所に注意してください。

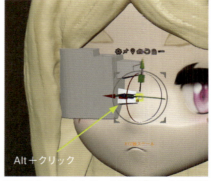

図5-34　Alt＋クリックでサブツールを選択

5-3 ワンピースの作成

ワンピースに関してはChapter4で作成した板ポリゴンを加工していきます。細かいシワやディテールはポーズをつけたあとで作成していくので、ここでは簡単に加工する程度にしておきます。

5-3-1 首元、袖、裾の穴を閉じる

ZModelerを[EDGE ACTIONS→閉じる][TARGET→凸面の穴][MODIFIERS→ポリグループ平面]に設定し、首元・袖・裾のエッジを選択して穴を閉じます。その際、エッジをドラッグすることで閉じたフタの内周にエッジループを追加することができるので、ここでは1本だけ入れておきます（図5-35）。[閉じる]についての詳細は「5-1-2 ZModeler：穴を閉じる」を参照してください。

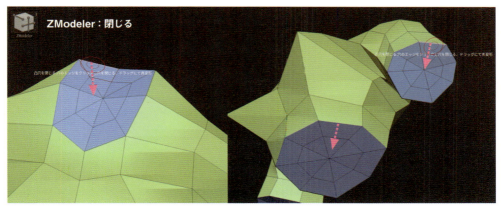

図5-35　首元・袖・裾の穴を閉じる

5-3-2 フタに凹面を作成する

フタをした部分に腕や首が収まるような凹面を作成しておきます。
ZModelerの[EDGE ACTIONS→スライド][TARGET→完全エッジループ]で、先ほど追加したフタ内側のエッジを少し外周エッジに寄せます（図5-36左）。その後、内側の面をAltキーで指定し、[POLYGON ACTIONS→押し出し]で奥に押し込みます（図5-36右）。同様の手順で袖部分にも凹面を作成しましょう。裾部分については腰のリボンに差し込んでしまうので凹面を作る必要はありません。

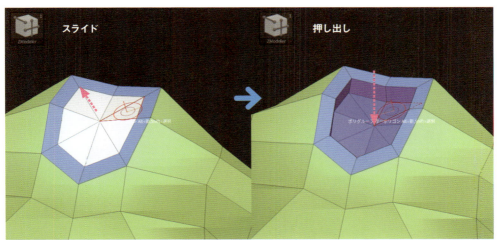

図5-36　凹面の作成

5-3-3 ZModeler：スケール（ポリゴン）

ZModelerを[POLYGON ACTIONS→スケール][TARGET→ポリアイランド]にしたら、一番下の項目を[ポリゴン中央]に設定します。
先ほど押し込んだ面をドラッグしてスケールをかけ、内側の面を小さくすることですり鉢状の凹面を作成します（図5-37）。袖部分にも同様の処理を行っておきましょう。

図5-37　ZModeler：スケール（ポリゴン）ですり鉢状にする

> **Tips　ポリアイランドの活用**
>
> ZModelerの[押し出し]等を使っていくと自動的にポリグループが分かれていきます。適用したい箇所がポリグループに分かれていれば[TARGET→ポリアイランド]に変更して作業していきましょう。Altキーで指定する手間が省けます。

5-3-4 エッジのスライドによるハードエッジの作成

首元・袖・裾部分の縁のエッジをスライドさせて、エッジを縁に寄せてからダイナミックサブディビジョンをオンにします（図5-38a）。このようにエッジの間隔を詰めることでハードエッジを作成することができます。

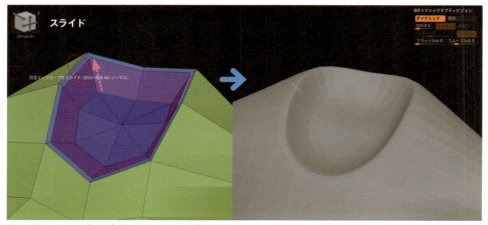

図5-38a　ワンピース部分のハードエッジを作成

腰に巻いているリボン部分についても、穴を閉じてからエッジを追加（挿入）し、縁のエッジの間隔を詰めることでハードエッジを作成します（図5-38b）。

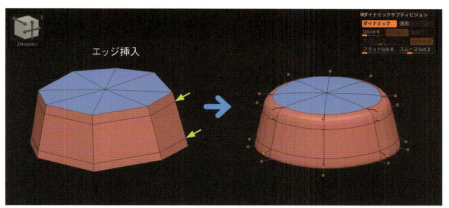

図5-38b　リボン部分の処理

> **Memo**　ハードエッジの作成について
>
> クリースではなくエッジの間隔を詰めることでハードエッジを作ることにより、クリース時よりも柔らかい角が表現できます。メカではない布などの折り返しや縁などは、このようにエッジの追加やスライドを使ってエッジの間隔を詰めることで作成すると良いでしょう。

ここまででワンピース部分の作業は一旦完了です（図5-39）。
形状はまだまだとれていませんが、ここではダイナミックサブディビジョンの状態までにしておきます。細かく作り込んでしまうとポーズを作成するのが大変になってしまいます。スカートについてはポーズに合わせて形を整えてから作業するため、穴を閉じないで板状のままで置いておきます。

図5-39　フタとハードエッジを作成状態の服パーツ

5-4 カチューシャの作成

次に頭部に付いているメカチックなカチューシャを作成していきましょう。眼帯部分に比べると丸みのある形状なので、ハードエッジのコントロールの難易度がちょっと高めです。

5-4-1 サブツールのスプリット：グループ分割

髪の毛のラフを作成した際にアタリとして作った「（ウサギの耳をモチーフにした）髪飾り」が邪魔なので、まずはこの部分を別のポリグループに分割しましょう。
［MaskLasso］（「3-2-8 Tips　範囲マスクの形状を変更する」参照）を使って両耳の部分にマスクをかけ、Ctrl＋Wキーで別のポリグループに分けます（図5-40）。

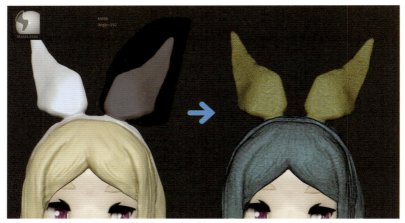

図5-40　分割する部分のポリグループを分ける

ポリグループを分けられたら、［ツール→サブツール→スプリット→グループ分割］でポリグループごとにサブツールをバラバラにします（図5-41）。この分離したサブツールはこの後作成するカチューシャの大きさの参考程度に使って、不要になったら削除してしまいます。

図5-41　ポリグループごとに分割

Tips　分割後の穴について

分割後は断面に穴が開いていますが、ダイナメッシュであればダイナメッシュの更新を行うだけで自動的に穴を塞ぐことができます。

5-4-2 耳部分の作成：ベース

ギズモ3Dの形状変換から、[PolyCube]を用意します。縦・横・前後の分割はすべて最低の1に設定します。
ギズモ3Dを使って上下方向に拡大後(図5-42a左)、2本のエッジループを追加します(図5-42a右)。

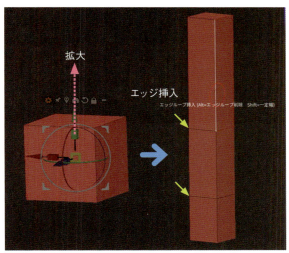

図5-42a　形状変換から編集

その後カチューシャの位置まで移動させ、ラフモデルを参考に長さを大まかに調整しておきます(図5-42b)。

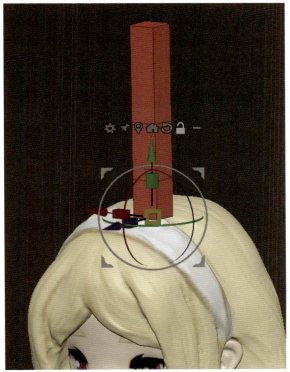

図5-42b　カチューシャの位置に合わせる

側面中段のポリゴンをAltキーで指定し、ZModelerの[POLYGON ACTIONS→押し出し][TARGET→単一ポリゴン]で面を移動（押し出し中にShiftキー）させて横幅を広げます（図5-43左）。同様に正面下側2段のポリゴンを指定し、今度は正面方向に面を移動させて下部の厚みを出します（図5-43右）。[押し出し]を使った面の移動については「4-4-4 ZModeler：押し出し（ポリゴン）」を参照してください。

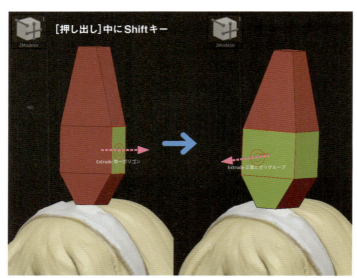

図5-43　ポリゴン（面）単位での横幅、前後幅の編集

続けてZModelerの[EDGE ACTIONS→トランスポーズ][TARGET→完全エッジループ]で左右の幅の調整を行います（図5-44左）。その後、[EDGE ACTIONS→トランスポーズ][TARGET→エッジ]に切り替えて、後ろ側のエッジの位置およびスケールを調整して形状をとっていきます（図5-44中央・右）。

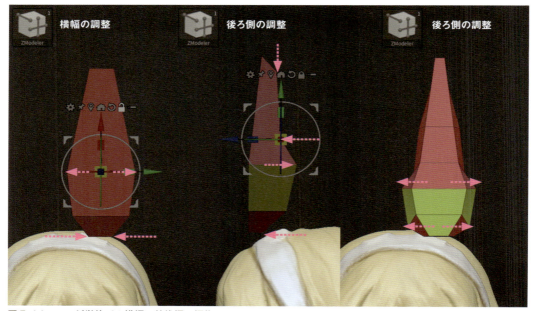

図5-44　エッジ単位での横幅、前後幅の編集

この作業を続け、図5-45のような大まかな形状を作成します。途中エッジを追加してシルエットの調整を行いました。全体の大きさ、長さなどは「5-4-1 サブツールのスプリット：グループ分割」で分割した耳部分（ラフモデル）のサブツールを参考にしてバランスをとります。調整が終わったらこの段階でラフモデルのサブツールは削除してしまって構いません。

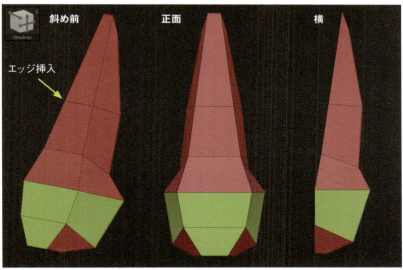

図5-45　ベースの形状

ここからエッジにクリースをかけ（図5-46左の水色ライン）、ダイナミックサブディビジョンをオンにした状態でSnakeHookブラシを使って形状を整えていきます。先端後ろ側の曲線を少し角を立たせたかったのでエッジを2本追加し、エッジの間隔を詰めることで角が出るよう調整しています（図5-46）。

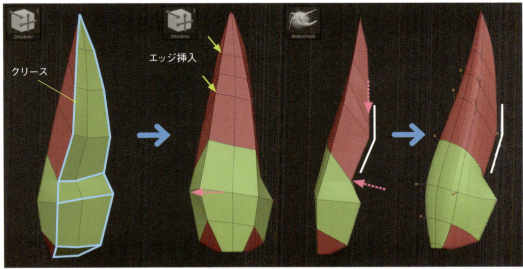

図5-46　ベースモデルの調整

5-4-3 ZModeler：インセットで内側に分割を追加

次に後ろ側に凹みを作っていきます。
ZModelerを［POLYGON ACTIONS→インセット］［MODIFIERS→エリアごとに挿入］に設定したら、後ろ側のポリゴン（図5-47左の白い部分）をAlt＋ドラッグで指定します。この状態で指定範囲内をドラッグすると、指定したポリゴンの内側に窓のような四角状の分割（水色の部分）が追加されます（図5-47右）。

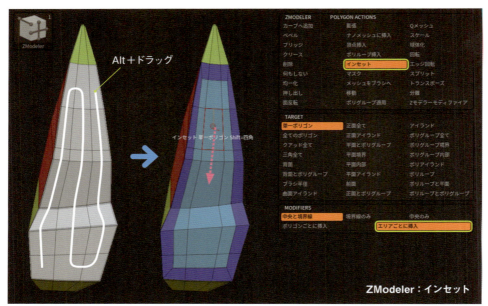

図5-47　ZModelerでポリゴン内側に四角状の分割を追加

5-4-4 耳部分の作成：エッジのクリース

インセットで作成した分割部分を［POLYGON ACTIONS→押し出し］［TARGET→ポリアイランド］で凹ませます（図5-48左）。その後、図5-48左に水色のラインで示したエッジにクリースをかけてベースモデルは完成です。

図5-48　ZModelerで後ろ側の凹みを作成

5-4-5 耳部分の作成：後ろ側のパーツ

先ほど凹ませた部分からポリゴンを切り出してパーツを追加しましょう。

図5-49左のように、先ほど凹ませた面の上4段をAltキーで指定し、ZModelerの[POLYGON ACTIONS→押し出し]でドラッグ中にCtrlキーを押して板ポリを切り出します（図5-49左）。

続けて、切り出した板ポリに[POLYGON ACTIONS→押し出し]で厚みをつけます。その際、押し出す方向によっては図5-49中央のように表示が裏表反転してしまう場合があります。その場合は、[シェル分割]を実行してサブツールを2つに分けた後、[ノーマル反転]を使って裏表を元に戻しましょう（図5-49右）。裏表が反転しなかった場合は、[シェル分割]のみを実行してサブツールを2つに分けておきます。

分離が完了したら、切り出したサブツールを耳の部分にめり込ませて配置しておきましょう（図5-49右）。[ノーマル反転]については「5-1-12 表示設定：裏表の反転」、[シェル分割]については「4-5-3 サブツールのスプリット：シェル分割」を参照してください。

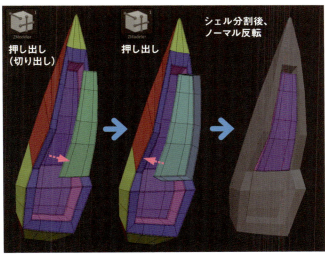

図5-49　ZModelerで後ろ側の凹みを作成

ZModelerの[EDGE ACTIONS→挿入][TARGET→単一エッジループ]でエッジループを追加後、[POLYGON ACTIONS→Qメッシュ][TARGET→単一ポリゴン]で下部中央のポリゴンを削り取ります（図5-50左）。その後、削られた部分の面に対し[POLYGON ACTIONS→トランスフォーム][TARGET→単一ポリゴン]で左右にスケールをかけてハの字型に加工します（図5-50右）。

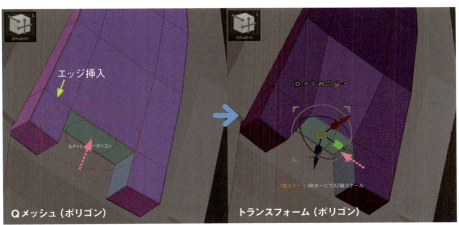

図5-50　ZModelerで凹みを作成

ここでやったように、元の形状から切り出して作成すると簡単にパーツを追加できます。ギズモ3Dの形状変換を使って[PolyCube]や[PolyPlane]から作るか、ZModelerの[POLYGON ACTIONS→押し出し]で板ポリを切り出して作るかは、作成する形状によって適宜判断しましょう。

5-4-6 ジョイントパーツの作成

次にカチューシャとの間を繋ぐジョイントパーツを作成しましょう。形状は立方体に近いので、ギズモ3Dの形状変換を使って[PolyCube]から開始します。
立方体(PolyCube)を作成したら、耳部分の下に配置してサイズの調整を行います(図5-51a)。

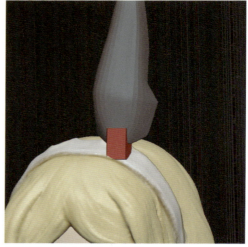

図5-51a　PolyCubeの配置

その後、ZModelerの[POLYGON ACTIONS→トランスフォーム]や[EDGE ACTIONS→トランスフォーム]を使って台形状の形にします(図5-51b左)。
エッジが足りずに形状が作れなくなったらその都度[EDGE ACTIONS→挿入][TARGET→単一エッジループ]でエッジを追加し、[EDGE ACTIONS→トランスフォーム]で形をとっていきます(図5-51b右)。

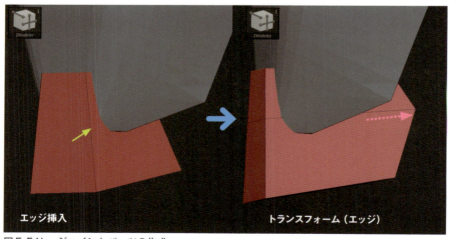

図5-51b　ジョイントパーツの作成

穴を開けるための頂点を作成します。
縦のエッジを中央(両側から均等な位置)に入れたい場合は、ZModelerの[EDGE ACTIONS→挿入][TARGET→複数エッジループ]で[MODIFIERS→特定密度]を1に設定して挿入すると、両側から均等な位置にエッジが1本入ります(図5-52左)。詳しくは「4-4-3 ZModeler:エッジの挿入(均等分割)」を参照してください。

5-4 カチューシャの作成

その後、頂点の位置を［EDGE ACTIONS→スライド］で調整したら、［POINT ACTION→スプリット］で円を追加し、［POLYGON ACTIONS→押し出し］［TARGET→ポリアイランド］にしてまとめて押し込みます（図5-52右）。こちらは「5-2-2 ZModeler：円形の分割を作成」を参照してください。

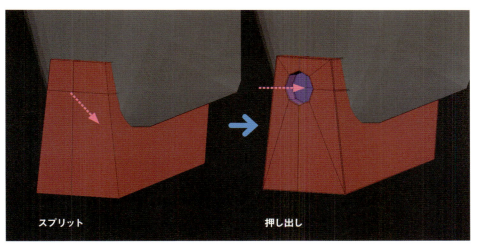

図5-52　ジョイントパーツの作成

> **Memo　フルカラー石膏出力を考慮したモデリング**
>
> フルカラー石膏は強度が弱い素材になっています。精度的には1～2mmまでは出力が可能ですが、長細い形状や先端が重く根元が細い形状などは非常に破損しやすく、出力業者によってはデータの時点で出力不可となってしまいます。今回の作例の場合、耳の根元が不安だったのでジョイントは太めに作成しました。

5-4-7 カチューシャの作成

カチューシャは髪の毛の形状に沿ったパーツになるので［PolyPlane］からSnakeHookブラシで曲げていく方法でも決して作れなくはありませんが、この方法の場合、ポリゴンを頭に沿って配置したり、幅を均等に並べるのに時間がかかってしまいます（図5-53）。

図5-53　板ポリから曲げて作成する例

そこでここではローポリからZModelerで切り出す方法ではなく、髪の毛のポリゴン（ハイポリ）から切り出す方法で作成していきます。

5-4-8 マスクからポリゴンを抜き出す

髪の毛のサブツールを選択し、切り出したい形にマスクをペイントします。次に、[ツール→サブツール→抜き出し]をクリックしてサブパレットを展開します。その中の[厚さ](図5-54 ❶)を0に変更(0を入力後、Enterキーで決定)して[抜き出し]ボタンをクリックし(図5-54 ❷)、すぐに[確定]をクリックします(図5-54 ❸)。これで別サブツールとして板ポリが作成されます(図5-54)。

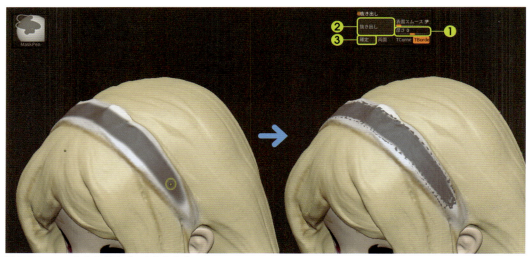

図5-54 マスクからポリゴンを抜き出す

[抜き出し]をクリックすると抜き出す形状のプレビューが表示されます。[確定]する前に視点を動かしてしまうとプレビューがキャンセルされてしまいます。キャンセルされてしまった場合は再度[抜き出し]をクリックするところからやり直してください。

抜き出したポリゴンはマスクのかかった状態で作成されます。マスクを解除後[Zリメッシュ]をかけてポリゴン数を落とします。できるだけポリゴン数を落としたいので、[目標ポリゴン数]は最低の0.1に設定し実行します(図5-55)。

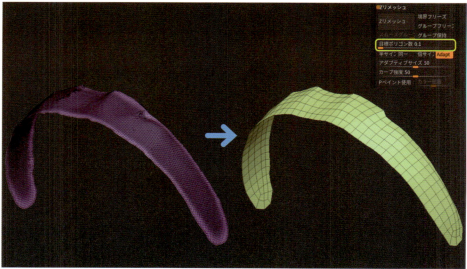

図5-55 抜き出したポリゴンにZリメッシュをかける

5-4-9 Zリメッシュの分割コントロール

Zリメッシュでは落とせるポリゴンに限界があります。ここからZModelerを使ってさらにエッジを削除していきたいのですが、カチューシャの両端のエッジの流れが複雑になっていてうまくエッジを消すことができません。一旦SnakeHookブラシで四角状に形状を変えてから再度[Zリメッシュ]をかけることで、図5-56のようにポリゴンをきれいに整えることができます。

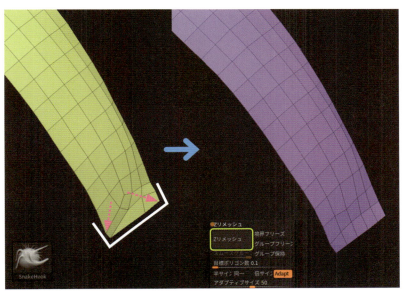

図5-56　Zリメッシュの分割コントロール

5-4-10 カチューシャの作成：ポリゴンの整理

ZModelerの[EDGE ACTIONS→削除][TARGET→完全エッジループ]でエッジを間引いてローポリにしていきます。エッジの数が減ると動かす頂点が減るのでSnakeHookブラシで整えるのが楽になり、微妙な凹凸も自然と取れます（図5-57）。

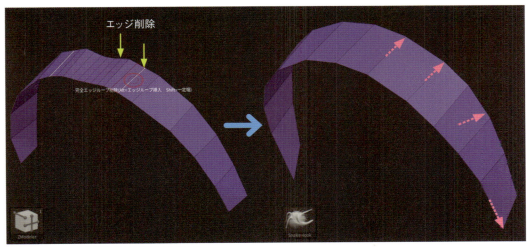

図5-57　エッジを削除後にブラシで整える

Chapter 5　パーツの制作

あとはZModelerの［POLYGON ACTIONS→押し出し］［TARGET→全てのポリゴン］で厚みをつけ、［EDGE ACTIONS→クリース］でハードエッジのコントロールをしておきましょう（図5-58）。

図5-58　カチューシャのベースモデル完成

5-4-11 サブツールの結合

［ツール→サブツール→結合→下と結合］で選択しているサブツールとその一つ下のサブツールをまとめることができます（図5-59）。サブツールの順序は「上下矢印ボタン」（Ctrl＋↑／↓）で入れ替えができます。

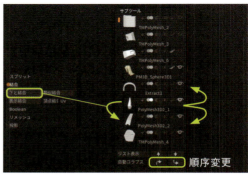

図5-59　サブツールの結合

［下と結合］を使って耳のパーツ3つ（耳、裏側パーツ、ジョイント）のサブツールをまとめておいて、ギズモ3Dを使って位置・角度を合わせます。その状態でサブツールをミラーコピーしたらカチューシャ部分の完成です（図5-60）。
サブツールのミラーコピーについては「4-4-12 サブツールのミラーコピー」を参照してください。

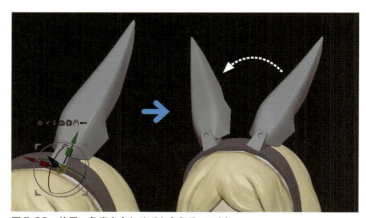

図5-60　位置、角度を合わせてからミラーコピー

> **Tips**　結合はアンドゥで戻さない
>
> 結合後にアンドゥ（Ctrl＋Z）で戻してしまうと、結合したパーツが消えてしまいますのでアンドゥはしないように注意してください。バラバラに戻したい場合は［シェル分割］（「4-5-3 サブツールのスプリット：シェル分割」参照）を使って戻すことができます。ただしこの場合でも［履歴］はすべて消えてしまいます。

5-5 肩アーマーの作成

これでメカ部分も最後になります。肩のアーマーは直線と曲面が入り混じっているため、難易度は高めですがここまでのテクニックを駆使して作成していきましょう。

5-5-1 シンメトリ設定：前後

[トランスフォーム→シンメトリを使用]の下に[X][Y][Z]の表示があります。デフォルトは[X]のみオンになっており、これは左右でシンメトリになる設定です。今回肩アーマーでは前後のシンメトリで作業していくので、[Z]のみオンにします（図5-61）。ちなみに[Y]だと上下のシンメトリになります。また[X]と[Z]2つともオン、などにすると前後左右4〜3ヵ所同時に作業することもできます。

図5-61 前後のシンメトリ設定

> **Tips** 放射状シンメトリ設定
>
> [トランスフォーム→シンメトリを使用]の下に[(R)]ボタンがあります。これをオンにすると、その上の[X][Y][Z]の軸を中心に放射状にブラシが分身します。その数を隣の[放射回数]で設定します（図5-62）。規則正しく穴を作りたい場合や、プリーツスカートなどの円状に規則性がある形状の作成に応用できます。

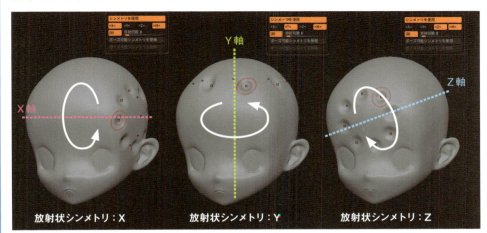

図5-62 放射状のシンメトリ設定

5-5-2 肩アーマーの作成：ベース

実際は厚みのある板状のプレートですが、立方体の[PolyCube]からざっくり形をとっていきます（[PolyPlane]を使わない理由は後述します）。

肩アーマーのデザインは水平・垂直な面かつ直角がない形状なので、ZModelerの[POLYGON ACTIONS→トランスフォーム]などできっちり編集していくのではなく、SnakeHookブラシでアナログ的に動かす方法が適しています。また複雑な形状なので、曲面が崩れないようにエッジは少しずつ追加するようにして、丁寧に形をとっていきましょう（図5-63）。

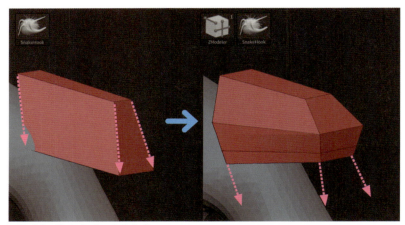

図5-63　PolyCubeから作成

図5-64左のように縦エッジを追加する際、[EDGE ACTIONS→挿入][TARGET→複数エッジループ]で[MODIFIERS→特定密度]を1に設定して前後シンメトリの中心に追加するようにします。そうすることで前後のシンメトリが切れないようにしています（均等にエッジを追加する方法については、「4-4-3 ZModeler：エッジ挿入（均等分割）」を参照してください）。

また、水平方向のエッジはデザインを再現できる最低限数になるように、エッジの追加は極力抑えるようにしましょう。ここでは2本追加して形状を作成しました（図5-64右）。

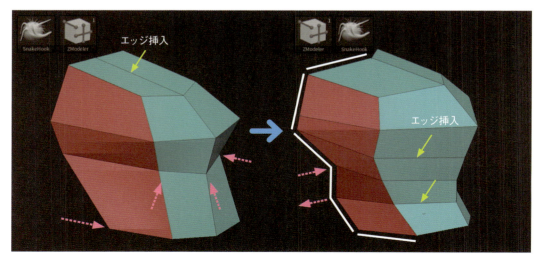

図5-64　エッジを追加して形状を作成していく

ここまで形が作成できたらダイナミックサブディビジョンをオンにして、角を立たせたる部分（縁のエッジと裏側の水平方向のエッジ）にクリースを入れます。また外周の部分（水色破線）はクリースだとハードエッジすぎてしまうのでエッジの挿入およびスライドで調整します（図5-65）。

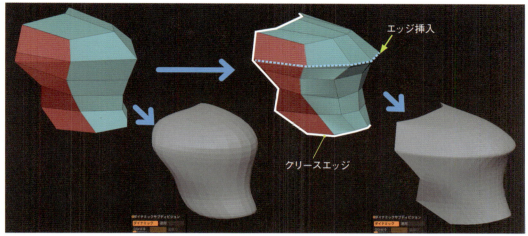

図5-65　エッジのコントロール

　ここからはダイナミックサブディビジョンをオンにしたままSnakeHookブラシを使って形を整えていきます。体のサブツールを表示し、これに合わせながら大きさ・角度なども変更していきます（図5-66）。

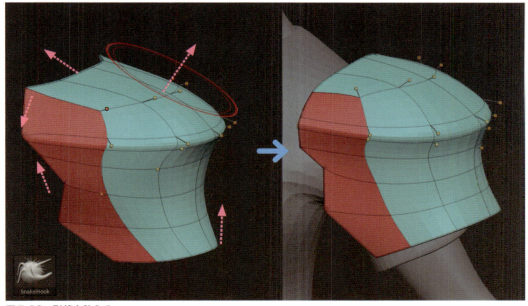

図5-66　形状を整える

5-5-3 肩アーマーの作成：裏面の削除

ここまでは裏側の形状は特に気にせずに作業してきましたが、ここで一旦裏側のポリゴンをすべて削除し、厚みをつけ直していきます。

ZModelerを[POLYGON ACTIONS→削除]に設定して、消したいポリゴン（裏側のポリゴン）をAltキーで指定してからすべて削除します（図5-67）。削除については「5-1-3 ZModeler：ポリゴンの削除」を参照してください。

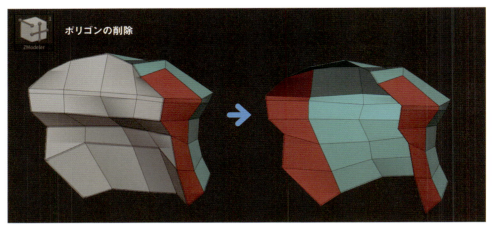

図5-67 ZModelerでポリゴンを削除

> **Tips** ZModeler：何もしない
>
> ZModelerの[POLYGON ACTIONS→削除]に設定したままだとクリックし間違えて気づかないうちにポリゴンを削除してしまうことがよくあります。ZModelerはクリックがしづらく、エッジをクリックしようとしたらポリゴンをクリックしてしまったり、また逆のことも多々あります。しかしこういったことが想定済みなのか、ZModelerでは[何もしない]の設定があります（図5-68）。
>
> POLYGON、EDGE、POINTのすべてでこの設定があるので、[削除]で作業したあとやエッジの作業中はPOLYGON ACTIONSを[何もしない]にしておくとクリックミス時の事故が減ります。
>
>
>
> **図5-68** ZModelerの誤操作防止

5-5-4 肩アーマーの作成：厚みをつける

板ポリ状にしたらZModelerの[POLYGON ACTIONS→押し出し][TARGET→全てのポリゴン]にして厚みをつけていきます。形状によっては押し出していく途中で一部ポリゴンがめり込んでしまうことがあります（図5-69）。

図5-69 押し出す途中で頂点が交差してしまう

このような場合は、次のように段階を分けて押し出していくことで交差（めり込み）を防ぐことができます（図5-70）。

① めり込むぎりぎり手前で[押し出し]を止める
② 重なりそうな頂点を[POINT ACTION→スライド]を使って広げる
③ [押し出し]中にShiftキーを押して移動させる

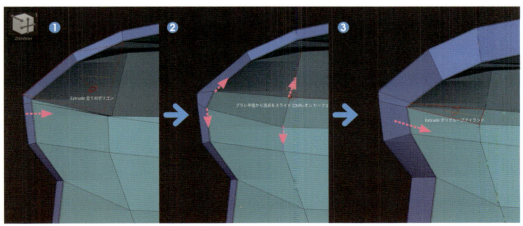

図5-70 押し出しを2回にわけて交差を防ぐ

このように板状の形状を作成する場合でも、「立方体から形状を作成」→「最後に面を削除して厚みをつける」という流れで作業することで、ダイナミックサブディビジョンで形状を見ながら作成でき、厚みも均一につけることができます。初めから厚みをつけてしまうと、ブラシを使って編集する際に厚みが薄くなってしまい、出力時に穴が開いてしまうこともあるので注意しましょう。

> **Memo** 板ポリゴンでのダイナミックサブディビジョン
>
> 肩アーマーの作成冒頭で書いた「[PolyPlane]を使わない理由」としては、板ポリゴンだと縁のエッジにクリースをつけていたとしても、ダイナミックサブディビジョンをオンにした際に縁部分のハードエッジが作成できないためです(図5-71左)。一方、厚みがある状態、もしくはフタがしてある状態では縁部分のハードエッジが作成できます(図5-71右)。
>
>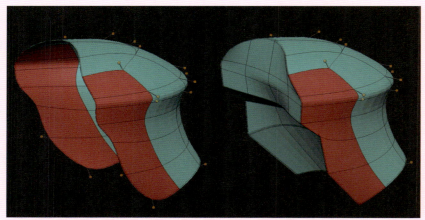
>
> 図5-71　板ポリゴンでのダイナミックサブディビジョン比較

5-5-5 肩アーマーの作成：出力用に加工①

ある程度厚みのあるプレート状のアーマーが作成できました。ただし、フルカラー石膏出力の場合、強度や精度の問題から、アーマー内側とキャラクターの肩にできる微妙な隙間を埋めておく必要があります(図5-72)。

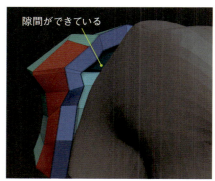

図5-72　アーマーと肩との隙間

ここではその加工をしていきますので、まずはZModelerの[POLYGON ACTIONS→削除][TARGET→ポリアイランド]で再び内側のポリゴンを削除します(図5-73)。

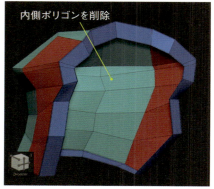

図5-73　内側ポリゴンを削除

5-5-6 ZModeler：ブリッジでポリゴンを貼る

削除した穴を一つひとつ手動でポリゴンを貼って埋めていきましょう。
まずシンメトリをオフにします。そしてZModelerの[EDGE ACTIONS→ブリッジ]に設定し、エッジをクリックしたら、1本目のエッジと繋げたいエッジをクリックします（図5-74）。

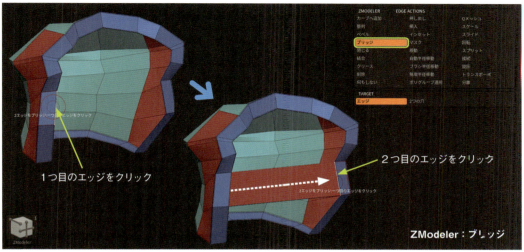

図5-74　エッジ間にポリゴンを貼る

左右のエッジ間に一枚一枚ポリゴンを貼っていきます。シンメトリがオンの状態だと右から左、左から右と2重にポリゴンが貼られてしまい後々削除しないといけなくなるので、ここでは必ずオフで作業しましょう。

またこの[ブリッジ]ですが、エッジが選択しづらく後ろにある面をクリックしてしまったり、狙ったエッジをなかなかクリックできずにイライラすることが多いです。そこで先ほど解説したZModelerの[POLYGON ACTIONS→何もしない]に設定してから作業すると少しはマシになります。
最上部と最下部はポリゴンを貼らずに、三角の空間が空いたままにしておきます。この状態で、貼ったポリゴンの中心にエッジを追加します（図5-75）。

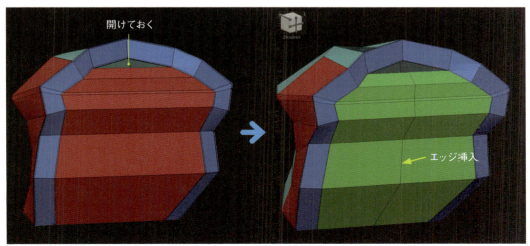

図5-75　貼り付けたポリゴンの中心にエッジを追加

5-5-7 ZModeler：頂点の接続

ZModelerの[POINT ACTION→接続]の設定で、「接続したい頂点をクリック」→「接続先の頂点をクリック」することで1つ目の頂点が2つ目の頂点にくっつきます。これを使って三角状の隙間をつなぎ合わせます（図5-76）。

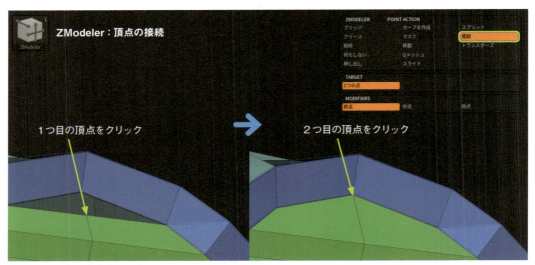

図5-76　頂点同士をくっつける

5-5-8 肩アーマーの作成：出力用に加工②

これで空いていた隙間が完全に平面で埋まりました。ポリゴンを一枚ずつ貼り合わせることでフラットに整地された結果、より綺麗な形状を作成できました。このままでもよいですが、次の手順で少しだけ段差をつけて立体感を出しておきます（図5-77）。

❶ ZModelerの[POLYGON ACTIONS→押し出し][TARGET→ポリアイランド]で一段押し込む
❷ ポリグループを利用し、ZModelerの[POLYGON ACTIONS→トランスポーズ][TARGET→ポリアイランド]からギズモ3Dのスケールを使って台形状にする（シンメトリをオン（作例では[Z]方向）にしておかないと中心からズレてしまうので注意）
❸ ハードエッジ部分にクリースエッジをかける

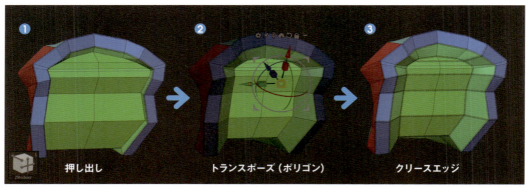

図5-77　裏面を凹状に加工

> **Memo** [ブリッジ]と[閉じる]
>
> 穴の形状が複雑な場合、今回のように[ブリッジ]や[接続]を使って塞ぐほうが綺麗に作成できます。一方、ZModelerの[EDGE ACTIONS→閉じる]では中央が放射状の分割になり表面が図5-78右のようになってしまいます。
>
>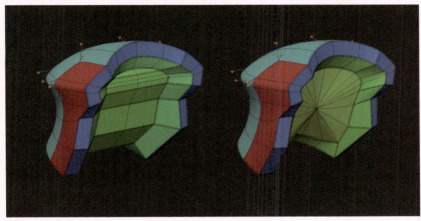
>
> 図5-78 ポリゴンの分割による違い

これで無機物と服のラフモデルの作成は完了です（Sample Data：Ch05_01.zpr）。

図5-79 無機物、服のラフモデルの完成

Chapter 5 パーツの制作

まとめ

ブラシを使ったモデリングとZModelerを使ったモデリングとではだいぶ感覚が違うと思います。ブラシを使ったモデリングでは、シンプルな形状からブラシで形を取りながらそれに対し少しずつ調整や修正を行うことで作成していきますが、ZModelerを使ったモデリングでは、最終的な形状を想像してそれを作るにはどの形状からどのようにして加工していけばよいか計画を立てて作成します。

その計画を立てられるようになるには、ZModelerの機能をある程度身に付けておく必要があります。まずは本書の作例制作をこなすことでZModelerの基本的ば使い方を習得できるはずです。また、ティーカップやマグカップ、棚やテーブルといったシンプルなモチーフから練習していろいろな形状を作成することで対応できる幅も広がっていくと思います。

個人的な見解ですが、ZModelerを練習する場合、設計図通り正確に作成することよりもある程度自由に作成していくほうが楽しく練習できるかと思います。例えば、「某携帯ゲーム機を完璧に作成する」よりも、「某携帯ゲーム機っぽい創作物を作成する」ことを目標にすると良いかもしれません。

Chapter 6

ポーズの作成

素体と無機物の制作が完了したらポーズを作成していきます。機能を沢山使うわけではありませんが、うまくポーズをつけるには少しコツが必要です。
また、本書の制作で使用する基本的な機能および操作についての解説は、このChapterで一通り完了となります。残すは細かい設定だったり作り方のコツや応用などで、ゼロから覚えないといけないことは少なくなっていきます。このChapterまでの操作が手に馴染んでくるとZBrushが楽しくなってくるはずです。

【習得内容】
　・ポーズの作成方法
　・表示／非表示の切り替え
　・ポリグループの分け方

【習得機能】
　［トランスポーズマスター］
　　サブツールをまとめる／元に戻す

　［ポリグループ］
　　自動グループ

　［ギズモ3D］
　　2軸のスケール／複製

　［表示］
　　ポリグループ単位での表示切替／
　　選択範囲での表示切替／シルエット表示／
　　非表示部分削除

Chapter 6 ポーズの作成

6-1 ポージング前の下準備

ポージングはその良し悪しでフィギュアの出来が大きく左右される重要な要素のため、試行錯誤にはかなりの時間を費やします。またZBrushでのポージング作業はあまり直感的とは言えず、この点においても結構な手間と時間がかかってしまいます。

下準備はその「ポージングの試行錯誤の手間」を減らすのが目的です。形状を作っていくところではないので面白みに欠ける部分かもしれませんが、ここをしっかり準備しておくことでポージングの作業効率が上がり最終的な出来栄えも良くなります。

6-1-1 サブツールを整理する

まずはサブツールを整理します。靴・眼帯・耳などパーツごとに［ツール→サブツール→下と結合］でサブツールをまとめていきます（図6-1）。結合についての詳細は「5-4-11 サブツールの結合」を参照してください。またこの時点で不要なZSphereなどのサブツールは［削除］します。万が一必要になった時のために削除する前にセーブファイルは別名で保存しておきましょう。

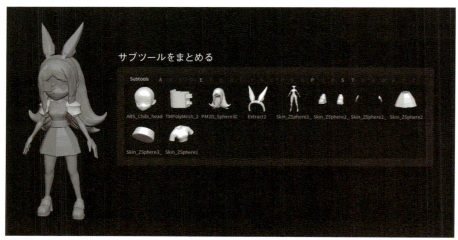

図6-1　サブツールをまとめる

> **Tips** サブツールの表示／非表示をまとめて操作
>
> サブツールをすべて表示する場合やすべて非表示にしたい場合など、1つずつ表示／非表示アイコンをクリックしていくのでは時間がかかってしまいます。選択しているサブツールの表示／非表示アイコン（目アイコン）を「Ctrl＋Shift＋クリック」することでまとめて表示の切り替えができます（図6-2）。
>
> またポリペイントも表示／非表示アイコンを「Ctrl＋Shift＋クリック」することで、まとめてポリペイントの表示切り替えが可能です。
>
>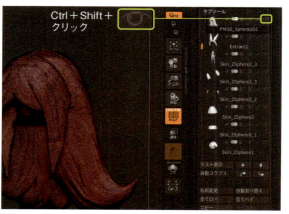
>
> 図6-2　サブツールの表示をまとめて切り替える

6-1　ポージング前の下準備

6-1-2 ポリグループを整理する

ポーズ作成時に曲がることのない眼帯部分は、Ctrl＋Wキーで単色のポリグループにしておきます（図6-3）。
Ctrl＋Wキーは「3-6-1 ポリグループ化（マスク）」でマスクと組み合わせて使いましたが、今回のようにマスクをかけずに使うことで「表示されているポリゴンを単色のポリグループにする」といった使い方もできます。

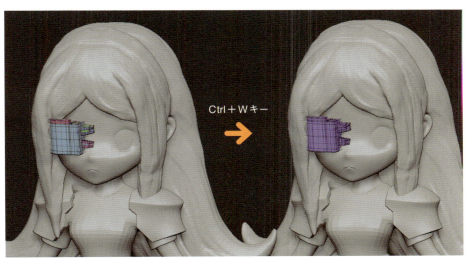

図6-3　表示されているものを単色のポリグループにする

6-1-3 パーツごとに自動ポリグループ化

耳の部分のポリグループは、カチューシャ・右耳・左耳の3色に分けます。［ツール→ポリグループ→自動グループ］でパーツごとにポリグループを分けます（図6-4）。このようにそれぞれポリゴンが繋がっていない部分は［自動グループ］を使うことでワンボタンでポリグループ分けを行うことができます。

図6-4　パーツごとに自動ポリグループ化

6-1-4 ポリグループ単位での表示／非表示、表示の反転

［自動グループ］を行った結果、ジョイント部や耳の裏側パーツも別ポリグループになってしまっているので、もう少しポリグループをまとめていきましょう。

ポリグループを利用して表示／非表示を切り替え、Ctrl＋Wキーで表示されているメッシュを単色のポリグループにする、という流れで左右でポリグループを分けていきます。以下は、カチューシャの左耳パーツ（耳・耳裏・ジョイント）を例にした作業手順になります。

まずCtrl＋Shift＋クリック（左耳メインパーツ）でクリックしたポリグループのみを表示します（図6-5 ❶）。もう一度Ctrl＋Shift＋クリック（左耳メインパーツ）するとクリックしたポリグループが非表示になり、その他の部分が表示されます（図6-5 ❷）。

図6-5　ポリグループを利用した表示／非表示

続けて、ポリグループをまとめたいパーツ（耳裏と左耳ジョイント）をCtrl＋Shift＋クリックして非表示にします（図6-6 ❸）。この状態でドキュメント上をCtrl＋Shift＋ドラッグすると表示が反転されて左耳の3パーツのみが表示された状態になります（図6-6 ❹）。最後にCtrl＋Wキーを押すと、この3パーツが単色のポリグループにまとめられます（図6-6 ❺）。

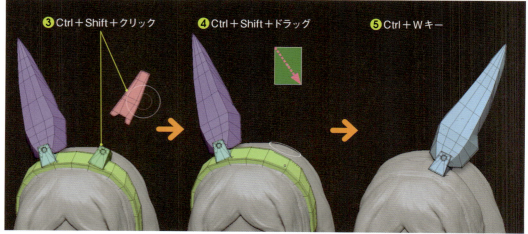

図6-6　分かれていたポリグループをまとめる

6-1-5 表示／非表示状態を戻す

すべて表示に戻すには、ドキュメント上を Ctrl + Shift + クリックします（図6-7）。
非表示だった部分のポリグループは変化していないことが確認できます。

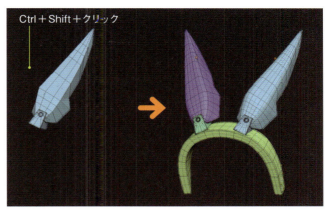

図6-7　すべて表示に戻す

右耳パーツについても同様の手順でポリグループ化していきましょう。ポイントは、Ctrl + Shift + クリックで表示／非表示切り替え、Ctrl + Shift + ドラッグで表示反転です。

> **Memo　Ctrl + Shift + クリック／ドラッグ**
>
> 「ポリグループ単位でどんどん非表示にしていく」→「表示を反転させる」→「作業を行う」→「表示を戻す」という流れは良く使う操作の流れです。「作業を行う」の部分は、マスクがけやポリグループ化など色々な場面で活用でき、特にポージングはほぼこの作業の繰り返しになります。なのでショートカットを手に馴染ませて素早く操作できるようになると効率的です。
> 例えば「ここだけを表示にするにはどういう手順がクリックする数が少なくて済むか…」など最短手順を考えながら作業すると効率がさらに上がります。

6-1-6 選択範囲での表示

次は選択範囲での表示／非表示切り替えを使用して、靴のサブツールを左右で1色ずつに分けてみましょう。その際、靴のサブツールは左右にミラーコピーしておきます（「4-4-12 サブツールのミラーコピー」を参照）。

まずシンメトリをオフにしたあと、表示したい部分を Ctrl + Shift + ドラッグの範囲選択領域（緑色の枠）で囲みます。これにより、囲った部分だけが表示されます（図6-8）。一部のポリゴンを非表示にするとダイナミックサブディビジョンが一時的にオフになりますが、これは仕様です。

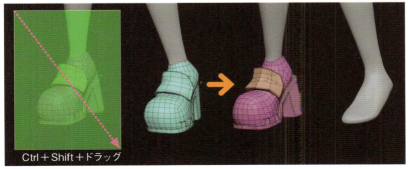

図6-8　選択範囲を表示する

Chapter 6 ポーズの作成

片方だけ表示になったらCtrl＋Wキーでポリグループをまとめます。終わったらドキュメント上をCtrl＋Shift＋クリックして表示を戻します（図6-9）。肩アーマーも同様の流れでそれぞれ左右でポリグループを分けておきましょう。

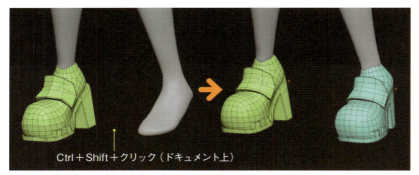

図6-9　ポリグループ化のあとに表示を元に戻す

6-1-7 選択範囲での非表示

次に手部分をポリグループ分けしていきます。細かいので大変ですがここが終わればあと少しです。グループ分け作業に入る前に、手の状態を次のようにしておきます。

・靴と同様に左右にミラーコピーしておく
・ポリグループはCtrl＋Wキーで単色にしておく
・両手同時に作業するため、シンメトリをオンにしておく
・一番低いサブディビジョンレベルを1つ消しておく

3番目の理由としては、シンメトリがオフになっていると左右で同じ作業を繰り返すことになってしまうためです。また4番目は、この作業以降、sDiv1の状態は使うことがないため、sDiv2にした状態で［低レベル削除］を実行して削除しておきます（詳細は「4-5-1 サブディビジョンレベルの削除」参照）。

この状態で、Ctrl＋Shift＋Alt＋ドラッグの範囲選択を使ってグループ分けしたい各部位を非表示にしていきます（Altキーを追加することで枠が緑から赤になり、囲った範囲が非表示になります）。また囲う範囲ですが、頂点単位でかける必要があるので消したい面の頂点にかかるように範囲を指定します。図6-10のようにいずれか1つの頂点に選択範囲をかけることで消すことができます。
第一関節を非表示にしたら、Ctrl＋Wで第一関節から先を別ポリグループ化します。

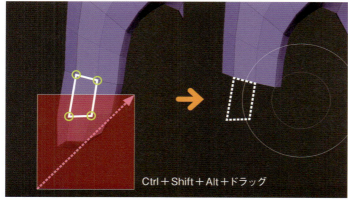

図6-10　ポリゴンを一部非表示にする

次に、以下の流れで第二関節もポリグループ分けを行います（図6-11）。裏面のポリゴンが見えない状態だと作業がしにくいので「両面表示」をオンにすると良いでしょう（「4-5-4　表示設定：両面」参照）。

❶ 手の甲部分をCtrl＋Shift＋クリックして、手の甲のみを表示する
❷ Ctrl＋Shift＋Alt＋ドラッグで第二関節部分までを非表示にする
❸ Ctrl＋Wでポリグループ化
❹ ドキュメント上をCtrl＋Shift＋クリックして表示を戻す

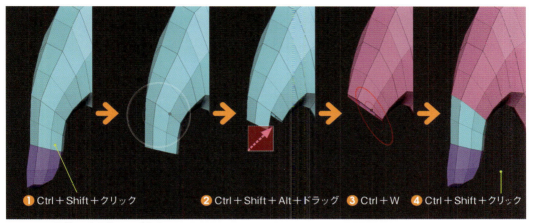

図6-11　関節のポリグループ分け

同じ手順ですべての指・関節でポリグループを分けていきましょう。図6-12は手のポリグループ分けが完了した状態になります。

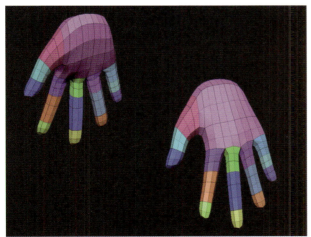

図6-12　手のポリグループ分け完了後

ただし、この状態だと左右で同じポリグループになってしまっているので、さらに左右で別々のポリグループに分ける必要があります。
各関節ごとのポリグループのみを表示した状態で［ツール→ポリグループ→自動グループ］を実行して、左右でポリグループを分けていきます（図6-13）。すべての関節ごとに実行して左右ですべて別ポリグループに分けておきましょう。

Chapter 6 ポーズの作成

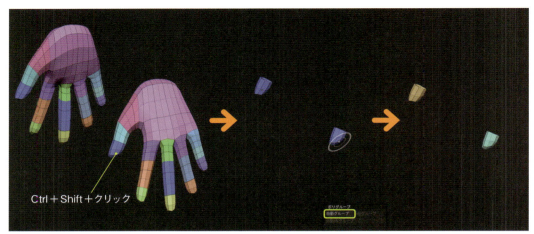

図6-13 左右でポリグループを分ける

指と同じ要領で、体のポリグループも分けていきます。流れをまとめると以下のようになります。

❶ メッシュ全体をCtrl＋Wで単色のポリグループにする
❷ Ctrl＋Shift＋ドラッグで各関節部分（肘、肩、鎖骨、腰、首など）まで非表示にする
❸ Ctrl＋Wでポリグループ化
❹ 別の関節部分で再度❷の手順から繰り返す
❺ 最後に［自動グループ］を使って左右で分ける

図6-14は上記の手順を行い体のポリグループ分けがすべて完了した状態になります。

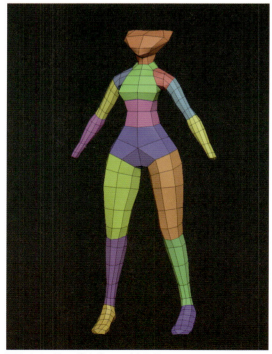

図6-14 体のポリグループ完了後

腰のリボン（帯）とスカートについてはそれぞれ単色ポリグループ、ワンピース（上）部分については肩関節の部分（左・右）で分けて、3つのポリグループにしておきましょう（図6-15）。

図6-15　服のポリグループ

6-1-8 非表示ポリゴンの削除

服で隠れてしまう部分については体のポリゴンを削除しておきましょう。これにより、ポーズをとらせる際に作業が楽になります。

削除したい部分をポリグループ単位や範囲選択での表示／非表示などを使って非表示にしていきます。ここでは上半身の肩までと足首より下を非表示にします。
［ツール→ジオメトリ→トポロジー調整→非表示削除］で非表示部分のポリゴンが削除されます（図6-16）。

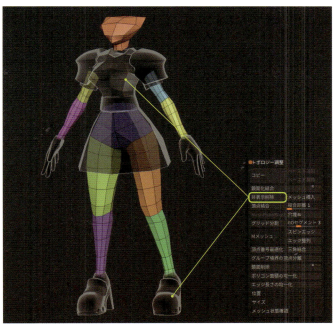

図6-16　非表示部分のポリゴンを削除

Chapter 6 ポーズの作成

6-1-9 ギズモ3Dを使った2軸スケール

デザイン画のとおり、今回は本を3つ重ねた台座に座っているポーズなので、座らせる「高さ」と「位置」のアタリを取るための単純な本の形状を3段作成しておきましょう。

ギズモ3Dの[形状変換]から[PolyCube]を作成し、足元に移動させます。ギズモ3DのYスケール（緑の四角）をドラッグ中に追加でAltキーを押すことでY軸以外でのスケール（高さ固定の拡縮）になります。これを使って本の「高さ」以外の2軸のスケールを調整します（図6-17）。

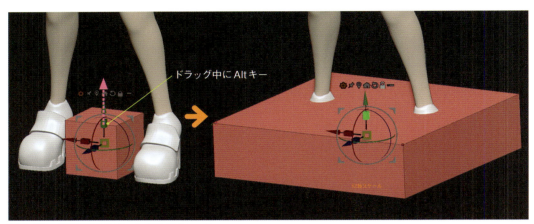

図6-17　ギズモ3Dを使った2軸のスケール

6-1-10 ギズモ3Dを使った複製

この立方体を3つ複製します。サブツールを「複製」→「移動」の方法でも良いのですが、今回はギズモ3Dの移動（矢印）をCtrl＋ドラッグして複製を行いましょう。元のポリゴンに自動的にマスクもかかるので、そのまま回転やサイズ調整も可能です（図6-18a）。

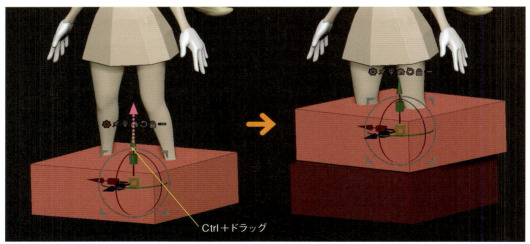

図6-18a　ギズモ3Dを使った複製

同じように複製および位置・角度などの調整を行い、シンプルな3段の台座を作っておきましょう（図6-18b）。これで下準備は完了です（Sample Data : Ch06_01.zpr）。

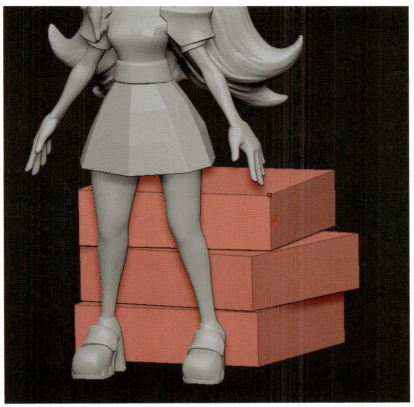

図6-18b　複製を行い台座を作成

前のChapterでも同じようなことを話しましたが、「表示／非表示／表示反転」の最短手順を考えるなど、常に先を読む思考がCGモデリングの基礎力になります。何気ない操作も頭で先を思い描きながら作業しましょう。ただし、長時間に渡って作業していると頭が疲れてくるので、時折糖分を補給したり小休憩、気分転換をすることも大切です。

Chapter 6 ポーズの作成

6-2 ポージングの作成

下準備が終わったらポーズをつけていきます。ポーズをつけると左右のシンメトリが使えない状態になることを覚悟を決めて進みましょう。そのためセーブファイルはポーズ前・ポーズ後で名前を変えるなどしておくと、後々シンメトリで作業が必要になった場合も安心です。

ZBrushにおけるポージングの作業は、アクションフィギュアで遊ぶ感覚で手軽にできるかというとそうでもなく、地味に手間がかかる作業になります。しかし造形の出来栄えを左右する重要な箇所なので、丁寧にコツコツと時間をかけて作業していきましょう。

これ以降はできる限りパースをオンにして作業するようにします。パースの視野角設定については「3-5-4 パースの視野角設定」を参照してください。

6-2-1 トランスポーズマスター

[トランスポーズマスター]という機能を使ってサブツールを1つにまとめます。[Zプラグイン→トランスポーズマスター→Grps]をオンにしてから、[Zプラグイン→トランスポーズマスター→Tポーズメッシュ]で実行します（図6-19）。[Grps]をオンにすることで、作成したポリグループは維持したまま結合されます。

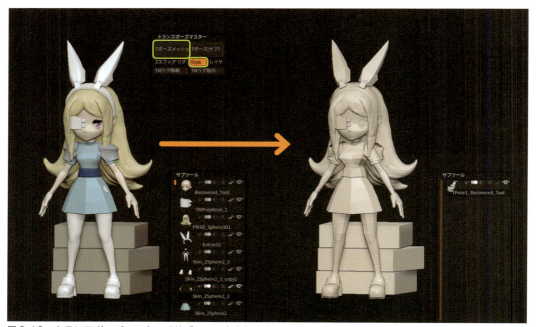

図6-19　トランスポーズマスターでサブツールをまとめる

実行すると、サブディビジョンレベルがすべて最低、ダイナミックサブディビジョンはオフ、ポリペイントは消えた状態、でサブツールが結合されます。

この状態でマスクとギズモ3Dを使ってポーズをつけていき、ポージング作成が終わったら[Zプラグイン→トランスポーズマスター→Tポーズ｜サブT]でサブツールを元のバラバラの状態に戻すことができます（図6-20）。実際のポージング作業の詳細はこのあと説明します。

6-2 ポージングの作成

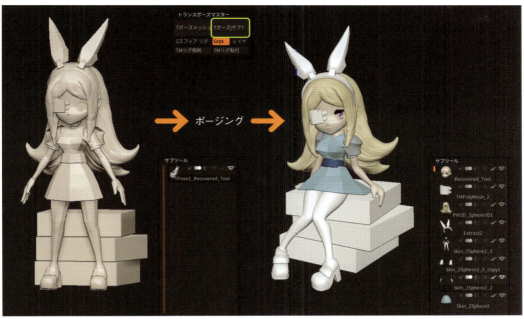

図6-20　トランスポーズマスターでサブツールを元に戻す

このように、

1. [Tポーズメッシュ]でサブツールをまとめる
2. マスクとギズモ3Dを使ってポーズを作成
3. [Tポーズ｜サブT]でサブツールを元の状態に戻す

の流れで作業します。

> **Memo　トランスポーズマスターの注意点**
>
> トランスポーズマスターを使う際は以下の2点に注意しましょう。
>
> ・サブツールをまとめた状態のままデータを保存しない
> なにかの原因で[Tポーズ｜サブT]で元に戻せなくなってしまうことがあり、保存する際は必ず[Tポーズ｜サブT]で元のサブツールがバラバラの状態に戻してから保存するようにしましょう。
>
> ・非表示のサブツールはまとめられずに消える
> サブツールの表示の確認をしっかり行ってください。一時的に消えているだけで[Tポーズ｜サブT]で元に戻すことは可能です。

6-2-2 ポーズの作成

実際にポーズを作成する前に、どのようにポーズをつけていくかを肘の曲げ方を例に説明していきます。あくまで操作説明になりますので、実際に作業しながら読み進める場合は開始前に必ずここまでのプロジェクトを保存しておき、この項の作業が完了した段階で、保存しておいたプロジェクト（関節を曲げる前のデータ）を開き直してから次の節に進むようにしてください。

Chapter 6 ポーズの作成

まずポリグループを使って肘から先を非表示にしていきます（図6-21左・中央）。指などポリグループが多くクリックするのが大変な部分については、選択範囲を使って非表示にしたほうが早い場合もあります（図6-21右）。ただし、選択範囲を使用する際は消し忘れ（裏面表示がされていない場合など注意）がないようにしてください。

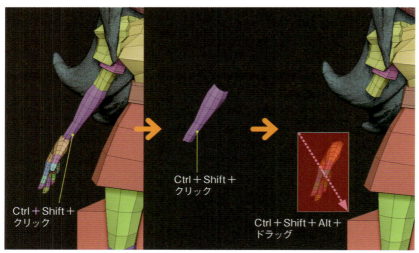

図6-21　肘から先を非表示にする

> **Tips　範囲選択の形状を変更する**
>
> 初期設定では「四角」状の選択領域［Rect］になっていますが、この形状を変更することも可能です。Ctrl＋Shiftキーを押したまま画面左上のストロークアイコンをクリックすると、範囲選択のリストが開くのでその中から選択します。［Lasso］（投げ縄）が指定しやすく使いやすいので、場合によって使い分けてみてください（図6-22）。

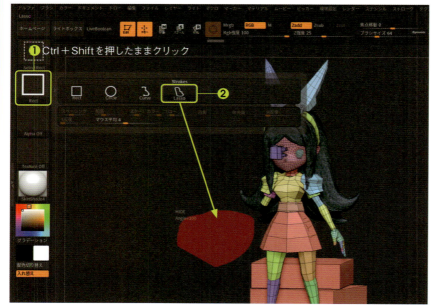

図6-22　範囲選択の形状を変更する

肘から先を非表示にできたらドキュメント上をCtrl＋クリックして全体にマスクをかけ、Ctrl＋Shift
＋クリックで表示を戻すと、肘から先だけマスクがかかっていない状態にできます（図6-23）。

図6-23　マスクをかけて表示を戻す

この状態にできたらギズモ3Dを使って回転させます。Altキーを押しながらギズモ3Dを移動・回転さ
せ、ギズモ3Dの位置と方位を肘の位置に調整したうえで回転させることで肘を曲げることができます
（図6-24）。

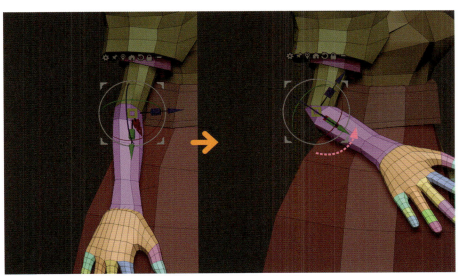

図6-24　ギズモ3Dの位置と方位を調整した後、回転させて曲げる

Chapter 6 ポーズの作成

Tips ショートカットを使ったギズモ3Dの位置、方位の設定

これまではAltキーを押したまま位置や方位をリセットすることでギズモ3Dの位置と方位を調整していましたが、移動モードにした状態で頂点をAlt＋クリックすることでクリックした頂点の位置に瞬時にギズモ3Dを移動させることもできます。また頂点をAlt＋ドラッグすることでギズモ3Dの方位をドラッグした頂点の方向に向けることができます（図6-25）。

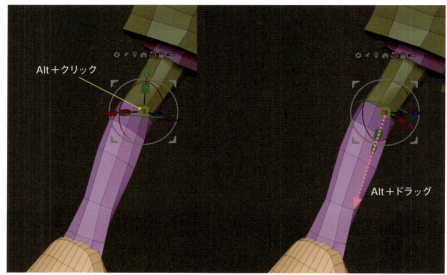

図6-25　ギズモ3Dの位置・方位をAlt＋クリックorドラッグで調整

Alt＋ドラッグで方位の設定をやり直したい場合は、ギズモ3Dの下にある頂点は触れなくなってしまうため、Alt＋移動、もしくはAlt＋スクリーン移動で一旦ギズモ3Dを外に移動させてからAlt＋ドラッグし直しましょう（図6-26）。このギズモ3Dの位置・方位の設定方法を覚えると、ポーズをつけるときに作業が楽になります。

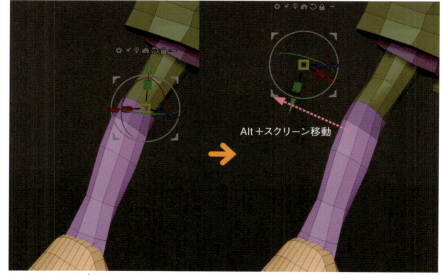

図6-26　ギズモ3Dの方位を再設定する場合

ギズモ3Dの位置によってはメッシュが歪むような形で曲がってしまいます。図6-27の左は、肘の内側およびポリゴン表面に近い位置から曲げた図ですが、あまりきれいに曲がっていません。ギズモ3Dの位置をAltキーを押しながら移動（もしくはスクリーン移動）して外側に少しずらしたほうがきれいに曲げることができます（図6-27右）。

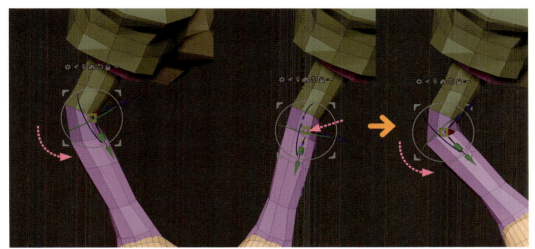

図6-27　ギズモ3Dの位置による曲がり方の変化

上記のようにかなり気をつかって曲げたとしても、間接のポリゴンが薄くなってしまったり歪んでしまったりすることはよくあるため、その場合は曲げた後（位置が決まった後）にSnakeHookブラシなどを使ってポリゴンを編集して直します（図6-28）。

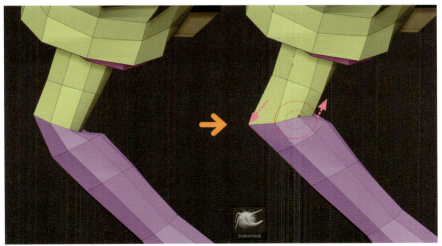

図6-28　関節部分のポリゴンをブラシを使って修復

この曲げ方で全身のポーズを作成していきますが、これだけでうまくポーズを作るには少しコツがいります。次の節でポージングの流れを追いながら説明していきます。

Chapter 6 ポーズの作成

6-3 ポージングの流れ

基本的にはギズモ3Dの回転を使って曲げていきますが、場合によっては移動を使ったりブラシを使ったりしても問題ありません。ここまではシンメトリで左右対称にきっちり作成してきましたが、フィギュアの場合は手の長さ、脚の長さ、大きさなどのバランスをあえて左右で変えたほうが見栄えがすることもあります。慎重になりすぎずに思い切ってポーズをつけていくようにしましょう。

6-3-1 ポーズを分析する

つけたいポーズをよく観察することから始めます。まずは体のコアになる部分「骨盤の角度（腿の付け根）」「胸骨（鎖骨の根元）の角度」の2点がどうなっているのかを確認します。ということで、イラストに印をつけてみましたが、今回動きの少ないポーズということと、イラストが正面に近い構図になっているためほとんどわかりませんでした…（図6-29）。

イラストからある程度予測がつくと楽ですが、今回のように動きの少ないポーズの場合やイラストの角度によってはコア部分の角度関係が見えないこともあります。

そこで今回はTerawell社の「DesignDoll」を使用してポーズの検証を行いました。元々はイラストやデッサン向けソフトですが、ポーズを取らせるのが非常に楽なので個人的にポーズ検証用に使っています（一部機能有料ですが、無料版でもポーズ検証作業は可能です）。

図6-29　コアの骨格の確認

これでイラストを再現したポーズを横から確認すると、骨盤は後ろに傾いていて、胸は垂直もしくはやや前傾気味になりそうだということがわかります（図6-30）。

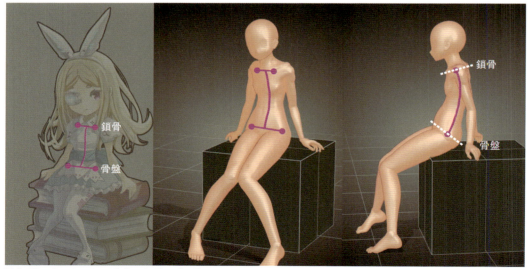

図6-30　DesignDollを使ったポーズの検証

もちろんイラストが得意な方であればスケッチすることで確認するのも良いと思います。また自分で実際に同じポーズをとってみるのもよいでしょう。

6-3-2 体全体を傾ける

アクションフィギュアを使って実際にポーズを作るときは、両手を使って同時にいろいろな関節を動かしてポーズを作ることができます。例えば手首の位置を固定した状態で肘の位置を変更したり、腕を上げると鎖骨が連動して肩が上がるなどです。

ですがZBrushでポーズを作るときは関節を一つひとつ曲げていくことしかできないため、まずは体の中心部分から角度を決め、腕や脚、指先や足首を順番に曲げていくような方法をとります。

はじめに体の中心となる骨盤から傾けていきます。
トランスポーズマスターの[Tポーズメッシュ]を実行しサブツールをまとめます。ポリグループを活用して土台のみにマスクをかけ、体全体を回転させることで骨盤の傾きを決めます。先ほどのDesignDollのポーズを参考に、後ろに傾けていきましょう（図6-31）。

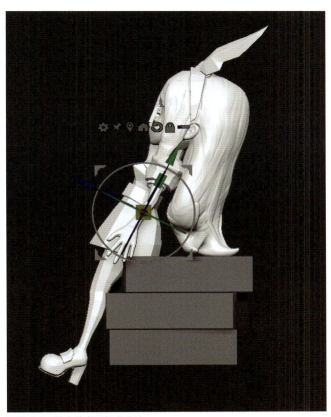

図6-31　体全体を回転させる

6-3-3 腰、胸を曲げる

次に骨盤の上の腰の位置から曲げていき背骨の曲線ラインを作成します。流れは次のようになります（図6-32）。

❶ポリグループや選択範囲を使って、ここでは動かさない部分（下半身および台座）を非表示にする
❷表示を反転し、下半身および台座全体にマスクをかける
❸表示を戻し、ギズモ3Dの位置を腰の位置にセットしてから回転させる

Chapter 6 ポーズの作成

図6-32 腰を曲げていく

この流れで腰から上の胸・首・頭を順番に曲げていきます。正面から見てまっすぐ垂直ではなく、わずかに傾けています。また上から見たときもほんの少し捻じっています（図6-33）。

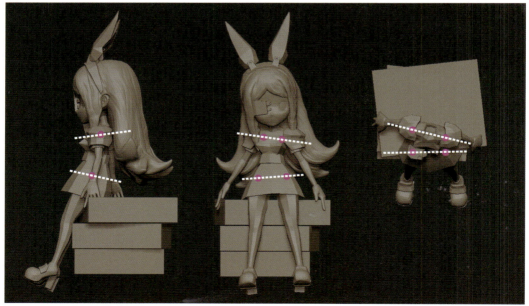

図6-33 コア部分を曲げた状態

今回のように動きの少ないポーズであっても、すべての方向から見て骨盤と胸のラインが完全に水平に揃わないようにずらしていくことで、骨盤〜胸骨〜頭でS字ラインがどの方向から見ても自然と出るようになると思います。

6-3-4 腕、脚を曲げる

コア部分がある程度整ったところで、腕・脚を曲げていきます。肩→肘→手首、腿の付け根→膝→足首など、体の中心から外側に向かって徐々に曲げていきます（図6-34）。腕の長さが足りない場合などはギズモ3Dの移動を使って長さの調整をしてしまいます。

図6-34　腕・脚を曲げていく

6-3-5 パーツの形状を整える

ポーズに合わせてスカートおよび髪の毛のポリゴンをSnakeHookブラシやMoveブラシを使って形状を整えていきます。どの方向から見ても違和感がないように丁寧に作業しましょう（図6-35）。

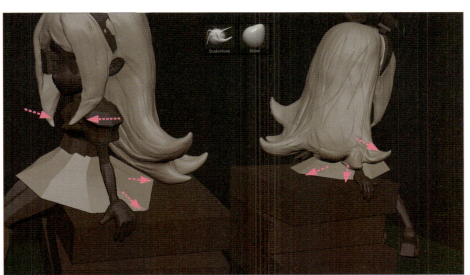

図6-35　SnakeHookブラシ、Moveブラシを使って形を整える

6-3-6 シルエットを確認する

ポーズで重要なのはシルエットの見え方です。イラストに正確に合わせたとしても、他の角度から見たときの見栄えが悪いのでは立体物である意味がありません。

［レンダー→フラット表示］に変更し、すべてのサブツールのポリペイント表示をオフ、メインカラーを黒、に変更すると完全にシルエット状態になります（図6-36）。あらゆる角度からこのシルエットを確認して各関節の曲げ方、曲げる方向、髪の毛の見え方など修正していきます。

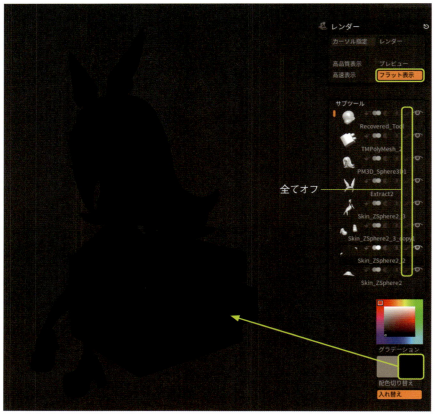

図6-36　シルエット表示

作業が終わったらトランスポーズマスターの［Tポーズ｜サブT］を実行して、サブツールの状態をバラバラに戻します。なお、通常の操作と違いCtrl＋Zでポーズ作成前に戻ることができないため、実行後に保存する際は別名にしておきましょう。またトランスポーズマスターは何度でも使うことができるので、気に入らない箇所に気づいたら再度［Tポーズメッシュ］を実行してポージング作業をやり直しても良いです。

図6-37は、この流れでポージング作業が完了した状態の参考画像です（Sample Data：Ch06_02.zpr）。

ギズモ3Dの回転だけでは思ったように曲げることができない場合は、回転させた後に移動を使って位置を調整したり、SnakeHookブラシで頂点を編集してしまいましょう。［Tポーズメッシュ］後にポリゴンの分割を変更する機能（ディバイドで分割を増やす、ZModelerでエッジを追加する・ポリゴンを押し出すなど）以外であれば問題なく使うことができます。

図6-37　完成ポーズ参考

まとめ

手順だけまとめると短く感じますが、実際にはポージング作業は何日か時間をかけて行います。この次のChapterに進んで作り込んだ後もトランスポーズマスターを使ったポーズの調整は可能ですが、ポーズを大幅に変更してバランスを再調整するのは手間がかかってしまいます。作り込む前のローポリの状態で悔いの無いように時間をかけて納得できるまで詰めておきましょう。

Chapter 7

仕上げ

ポーズの作成が終わったらいよいよ仕上げ（作り込み）に入ります。ここまで基本操作・機能・概念など覚えることが非常に多く、時間もかかったかもしれませんが、慣れてくるとこの段階までは比較的短時間でこれるようになります。ZBrushは他の3DCGソフトよりもここまでの作成ペースが早く、早い段階で「最終イメージを共有・確認できる」というのもメリットの一つです。

ここからの作業は、基本操作・機能・概念を習得した上での応用になります。これまでに身に付けたスキルを駆使して仕上げていきましょう。

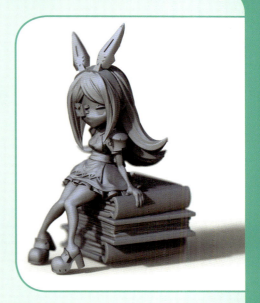

【習得内容】
・IMMブラシを使った髪の毛、フリルの作成
・Clothブラシを使ったシワの作成
・ブーリアンを使ったディテール作成
・IMM ModelKitブラシを使ったディテールの追加
・台座の作成

【習得機能】
　[IMMブラシ]
　カーブの作成／カーブの削除／カーブの編集／
　メッシュの更新／カーブフォールオフ／
　IMMビュアー／カーブスナップ／
　カーブファンクション

　[ブラシ]
　ブラシの読み込み／起動時読み込み設定／
　DTR_Hair ／ DTR_Cloth ／ DTR_Cloth_H ／
　DTR_Cloth_S ／ DTR_Frill ／ hPolish ／
　IMM ModelKit ／直線の引き方

　[ブーリアン演算]
　LiveBoolean ／ブーリアンメッシュ作成

　[マスク]
　ポリグループマスク

　[ギズモ3D]
　膨張

　[ZModeler]
　ポリグループ適用

Chapter 7 仕上げ

7-1 IMMブラシの使い方

IMMブラシは通常の凹凸を作成するブラシと違い、メッシュを生成するブラシになります。まずはIMMブラシの使い方を簡単に説明し、その後、このブラシを使って実際に髪の毛を作成していきます。こちらは本書にてダウンロード提供しているブラシデータを使っていきますので、あらかじめダウンロードしておいてください。それではブラシの読み込みから開始しましょう。

7-1-1 ブラシの読み込み

[ブラシ→ブラシ読込]（図7-1 ❶）から、保存しておいたブラシデータ（DTR_Hair.ZBP）を指定し（図7-1 ❷）、[開く]ボタンでZBrushに読み込みます（図7-1 ❸）。ブラシデータの保存場所と自動読込設定については、この後のTipsをご参照ください。

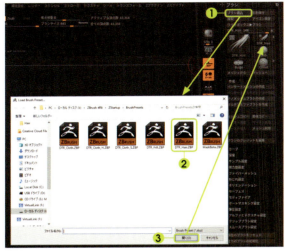

図7-1　ブラシの読み込み

Tips　ブラシの起動時読込設定

ダウンロードしたブラシデータ（.ZBP）を、ZBrushのインストール先ドライブ内（インストール時、特に指定していなければCドライブ→Program Files以下）の「Pixologic→ZBrush4R8→ZStartup→BrushPresets」に入れておくと、次回起動時に自動で読み込まれるようになります（図7-2）。

逆にこのフォルダに入っていないブラシデータについては、一度[ブラシ読込]から読み込んでいても再度ZBrushを立ち上げるとブラシリストから消えてしまうため、起動時に毎回読み込む必要が出てきます。（共有PCではなく）個人用のPCであれば起動時に自動読込させてしまったほうが手間が省けます。

上記のディレクトリに保存後、ZBrushを起動し直すとブラシリスト内に追加された状態になります（図7-3）。

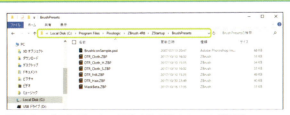

図7-2　ブラシデータの起動時読み込みフォルダ場所

図7-3　起動時に読み込まれたブラシ

7-1-2 顔のサブツールを複製する

IMMブラシはサブディビジョンレベルがあるサブツールに対しては使うことができません。まず顔のサブツールを複製し、複製したサブツールのサブディビジョンレベルを最低にした後、[ツール→ジオメトリ→高レベル削除]で削除しましょう（図7-4）。サブディジョンレベルの削除については「4-5-1 サブディビジョンレベルの削除」を参照してください。

図7-4　顔のサブツールを複製後、サブディビジョンレベルを削除

ここから先はしばらく実際の制作から離れ、IMMブラシの基本操作の解説になります。実際に作業しながら読み進める場合は、ここまでのプロジェクトデータを別名で保存し、基本操作の解説が終わった段階で再度このプロジェクトデータから開始するようにしてください。実際の制作は「7-2 髪の毛を配置」から開始します。

7-1-3 IMMブラシでカーブを作成

DTR_Hairブラシでメッシュの上からドラッグするとカーブ（赤と黒のライン）が作成され、ペン先を離すとカーブに沿ってメッシュが生成されます（図7-5）。

図7-5　カーブの作成

7-1-4 カーブの編集

カーブ(赤と黒のライン)にカーソルを近づけるとブラシの色が「水色」に変化するので、この状態でカーブをドラッグすることでカーブを編集することができます。メッシュはこのカーブに沿って追従します。カーブの先端付近を引っ張ってみてください。カーブの根元は固定されているので、流れるように滑らかにメッシュを移動させることができると思います(図7-6左)。根元の位置を変更したい場合は、根元付近を「水色」のカーソルでドラッグします(図7-6右)。

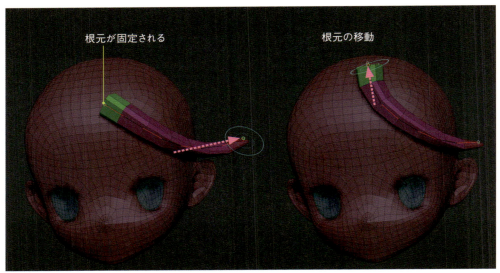

図7-6　水色のカーソルでカーブの調整

7-1-5 カーブの延長

作成したカーブの先端にブラシカーソルを合わせ、少しだけカーソルをずらします。すると先端から赤いラインが少しだけ伸びてきます(ずらしすぎると赤いラインが消えてしまうので注意)。
その状態でペン先を付けてドラッグするとカーブが延長され、メッシュもカーブに沿って再生成されます(図7-7)。

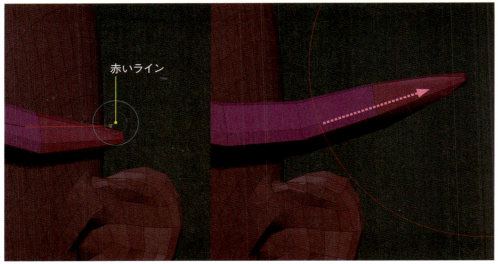

図7-7　カーブの延長

7-1-6 メッシュの削除

すでにあるカーブに対してAlt＋ドラッグで「十字」を描くようにカーブを引くと、メッシュとそのカーブを削除することができます（図7-8）。

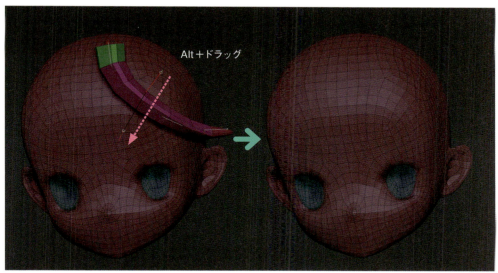

図7-8　メッシュの削除

7-1-7 メッシュの更新（サイズ変更）

カーブからカーソルを離すと、ブラシカーソルが「赤」に戻ります。この状態でブラシサイズを変更後、再度カーブをクリックするとメッシュのサイズが更新されます（図7-9）。
「水色」と「赤」でそれぞれブラシサイズが独立しているので、「水色」の状態でブラシサイズを変更してもメッシュのサイズ更新はされず、カーブを調整するときのブラシサイズのみが変更されます。

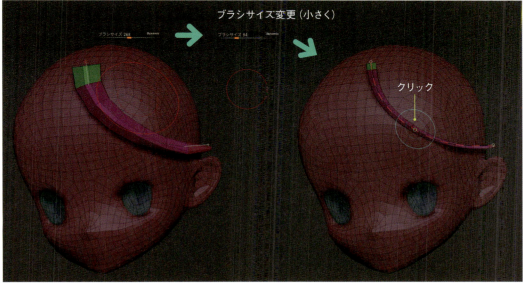

図7-9　メッシュのサイズを更新

7-1-8 メッシュの更新（形状変更）

上シェルフにアイコンが並んでいると思います。これはIMMビュアーと呼び、IMMブラシを選択すると自動的に表示されるようになっています。IMMビュアーから別のメッシュを選択後（ここではHair_Braidを選択）カーブをクリックすると、選択したメッシュの形状に置き換えることができます（図7-10）。

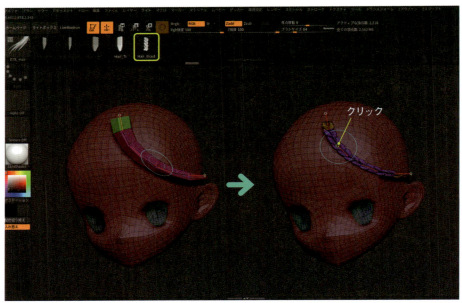

図7-10　メッシュの形状を変更

7-1-9 カーブのみ削除

カーブではなくメッシュ（ここでは顔、追加した髪の毛部分どちらでも可）をクリックするとカーブのみ削除されメッシュが固定されます。2本目の髪の毛を配置する場合は、カーブのみを削除しメッシュを固定したあと、カーブを新しく引くことで配置できます（図7-11）。
※ZBrush 2018.1以降ではこの操作をしなくても2本目のカーブを引けるようになっています。

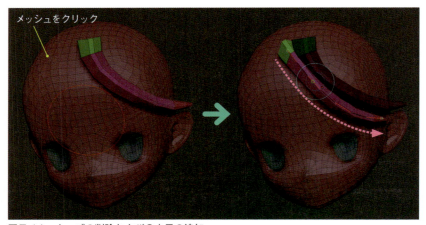

図7-11　カーブの削除および2本目の追加

カーブを削除するとこれまでのカーブの機能（調整・メッシュの更新など）は使えなくなります。間違えてカーブを消してしまった場合はCtrl＋Zで削除前に戻してください。

7-2 髪の毛の配置

では実際に髪の毛を配置していきましょう。ここまでの練習で引いたカーブやメッシュがある場合は、Ctrl＋Zで練習前の状態に戻すか、作業前にあらかじめ保存しておいたプロジェクトを開き直してください。

7-2-1 ラフを参考にメッシュを配置する

ラフの髪の毛のサブツールを表示して、表示モードを[透明]にします（「4-1-2 ソロモード／透明モードへの切り替え」参照）。

この状態で顔のサブツールを選択し、DTR_Hairブラシの[Hair_Front]を使って髪の毛を配置していきます（図7-12左）。カーブを引いた後、透過しているラフモデルに合わせてサイズ・位置を調整します（図7-12右）。

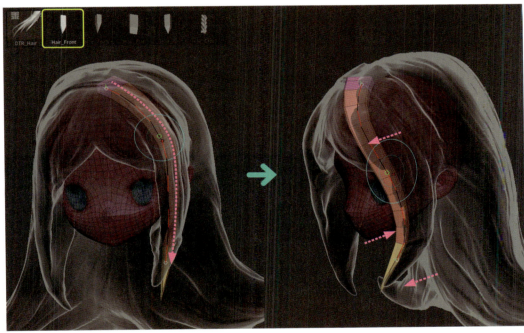

図7-12　髪の毛1本目の配置

配置のコツとしては以下の流れで作業します。

❶ ラフモデルを参考にカーブを引いたあと、まず根元の位置を決めます。位置変更後に先端の長さが足りなくなってしまった場合はカーブを延長させます
❷ 根元に近い位置から徐々に先端に向かってカーブを編集します。編集時ブラシサイズ（水色カーソル）は大きめに設定します
❸ ラフのシルエット（表面）に合わせるように配置していきます。その際メッシュが頭（顔のメッシュ）から浮いてしまっても構いません

Chapter 7 仕上げ

> **Memo** DTR_Hairブラシ
>
> DTR_Hairブラシには5つの形状が登録されており、筆者は次のように使い分けています。
>
> ・Hair_Flat：厚みの薄い前髪、フェイスラインなど
> ・Hair_Square：厚みやボリュームが必要な後ろ髪など
> ・Hair_Front：先端が平らな形状。姫カット、ぱっつん
> ・Hair_Tri：真ん中にエッジが入る形状。束の流れのリズムを崩したいとき
> ・Hair_Braid：三つ編み用
>
> 使う箇所を大まかに分けると、FrontやFlatで「前髪」、Squareで「後ろ髪」、Triは「汎用」で使っていくことが多いです（図7-13）。
>
>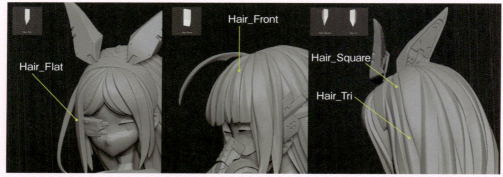
>
> 図7-13　DTR_Hairブラシ

7-2-2 カーブフォールオフ調整

［ストローク→カーブモディファイア→カーブフォールオフ］をクリックするとグラフが開きます。このグラフで根元から先端のサイズ変化をコントロールしています。ブラシの初期設定では先端に向かって細くなる設定になっています（図7-14左）。グラフ内をドラッグしてグラフを変更後、カーブをクリックしてメッシュの更新を行うことで反映されます（図7-14右）。ここでは根元〜中間までは一定のサイズで、中間〜先端にかけて細くなるような設定にしました。クリックして作成したグラフ内のポイントを削除するには、ポイントをグラフの外に向かってドラッグしてください。

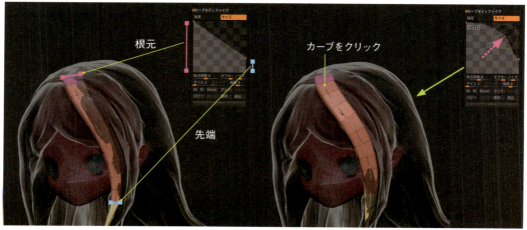

図7-14　カーブフォールオフ設定

7-2-3 カーブスナップ

カーブのみを削除して1本目のメッシュを確定した後、2本目のカーブを作成します。1本目と同様にラフを参考に配置していきますが、このときにカーブがガタガタ動いてしまってうまく引けないことがあります（図7-15左）。

これはストローク設定がメッシュ表面にスナップする設定になっているため、1本目の髪の毛の表面にぶつかってうまく引けない状態です。[ストローク→カーブ→スナップ]をオフにしてぶつからないように設定します。これでメッシュを重ねるように配置することができます（図7-15右）。

ただし、頭（顔のメッシュ）の表面にもスナップしなくなるので、頭部に沿わせたいときはオンに、配置を調整するときはオフにするなど、状況によって使い分けましょう。

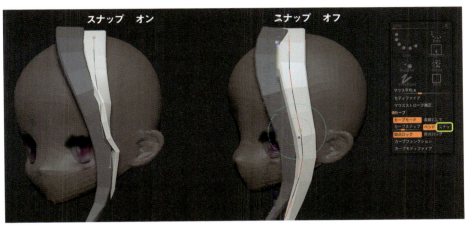

図7-15　カーブのスナップ設定

7-2-4 髪の毛のサブツールを分ける

ここまでに紹介したカーブを使った機能「カーブ編集」「メッシュの更新（サイズ変更）」「カーブフォールオフ調整」「カーブスナップ」などを駆使しても、特に毛先などをきれいに配置するのはとても難しいため、細かい部分についてはSnakeHookブラシなどで調整していきます。すべての配置が終わってからブラシで調整するのは数も多くバランスをとるのが大変になってしまうので、一部領域（フェイスライン左側など）を配置した段階で一旦顔と髪の毛でサブツールを分けましょう。

一部領域（フェイスライン左側）に配置が終わった段階で[自動グループ]でパーツごとにポリグループ化した後、[グループ分割]で一束ごとにサブツールを分けます。その後、髪のサブツールのみ[下と結合]でサブツールをまとめます（図7-16）。全部バラバラにせず、ある程度まとめることでサブツール数が増えすぎるのを防ぎます。

分割については「5-4-1 サブツールのスプリット：グループ分割」、結合については「5-4-11 サブツールの結合」を参照してください。

図7-16　髪の毛のみのサブツールを作成

7-2-5 ポリグループマスク

このまとめた髪のサブツールをブラシで編集する際は、[ブラシ→オートマスキング設定→ポリグループマスク]の値を100に上げてから作業します。この設定にすると初めに触ったポリグループ以外は動かなくなります。この機能を使えば1束ずつマスクをかけなくても、SnakeHookブラシ等で一束ずつ編集することができます（図7-17）。

図7-17　ポリグループマスク

> **Tips　ポリグループマスク設定**
>
> ポリグループマスクの値はブラシを変更しても引き継がれています（背面マスクはブラシごとの設定でした）。図7-18はClayブラシに切り替えてストロークした例です。ポリグループマスク設定が残っているため、ポリグループをまたいで編集ができない状態です。このように他のブラシの挙動がおかしいと思った時は、ポリグループマスクの値を確認しましょう。

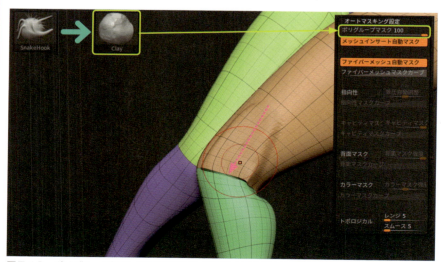

図7-18　ポリグループマスク設定はブラシ変更後も引き継がれる

7-2-6 束と束の重なり方を調整

まとめた髪の毛のサブツールに対し、ダイナミックサブディビジョンをオンにした状態でSnakeHookブラシやMoveブラシを使って調整していきます。

束と束の間の段差・重なり方を調整します。束が集中する根元の部分の重なり方もつむじを意識して丁寧に直していきましょう。
毛先など逆に束のラインを消す予定の箇所は、なるべくフラットになるように重ね方を調整します（図7-19）。

図7-19　重なりの調整

7-2-7 束と頭の重なり方を調整

髪の束と顔のメッシュの間に隙間ができないように、MoveブラシやSnakeHookブラシで厚みを増やしてめり込ませておきます（図7-20）。こうすることで出力後のパーツ強度を増やします。薄いまま出力してしまうと折れたり出力ミスにつながってしまいます。

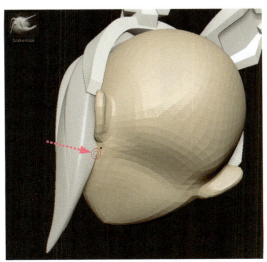

図7-20　厚みを増やして頭にめり込ませておく

7-2-8 束の裏側の処理

前側から見るとこちらも顔との間に大きく隙間が空いてしまっています（図7-21左）。ブラシで1頂点ずつ引っ張って厚みを増やしていくのは大変なので、こういった場合はDTR_Hairブラシを使って空間を埋めるように束を追加することで隙間を埋めたほうが効率的です。ここではIMMビューアーから[Hair_Square]を選択してメッシュを追加し（図7-21中央）、SnakeHookブラシで整えました（図7-21右）。[Hair_Square]は厚みのある形状なのでこういった隙間や空間を埋めるのに適しています。

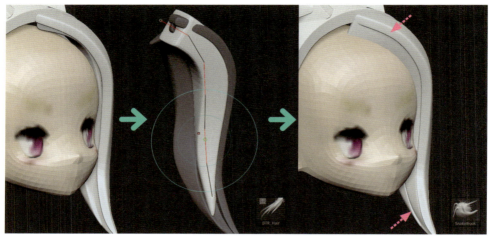

図7-21　束と頭の空間を埋める

このような流れで領域ごとに丁寧に配置と調整をしていきます。一束ずつの配置・調整になるので割と手間も時間もかかります。重なり方や裏面の隙間の処理など面倒な作業を後回しにしてすべて配置してしまうと後々心が折れてしまいがちなので、少しずつ配置・調整・追加を行っていきましょう。
部分ごとに配置していくので全体のバランスが取りにくいというデメリットもありますが、この点は既にバランスを取ってあるラフのシルエットに沿って配置していくことで補うことができます。ラフモデルでキャラクターのイメージや雰囲気をあらかじめ作っておいたことがここで活きてきます。

左フェイスライン・前髪左・前髪右・右フェイスライン、と領域ごとに丁寧に配置と調整作業を進めていきます。図7-22は各部位（束）の形状がわかりやすいようにポリペイントで色分けした参考画像です。

図7-22　作業領域ごとにポリペイントで色分けした前髪

7-2-9 後ろ髪の配置

後ろ髪のように量が多く、長いラインが密集しているような箇所では、毎回カーブを引いて配置していくのは非常に大変です。
そこで、沿わせるためのベースとなる髪の毛を作成してその上に配置していく方法をとります。流れとしては次のようになります（図7-23）。

❶ 大きめのブラシサイズでベースとなる髪の毛を配置し、その後すぐにこのサブツールを別サブツールに分ける
❷ そのベースとなる髪の毛のサブツールに対し、ブラシサイズをやや小さくしたIMMブラシでカーブを引いて髪の毛を追加
❸ カーブ調整後、別サブツールに分ける
❹ SnakeHookブラシなどで束の重なり・先端部分の調整。以降❷→❸→❹→❷...と繰り返す

終わったら初めに配置したベースとなる髪の毛は削除するか、そのまま残して使います。
こうすることで、同じようなライン・先端の向きで比較的簡単にまとまった束を配置していくことができます。

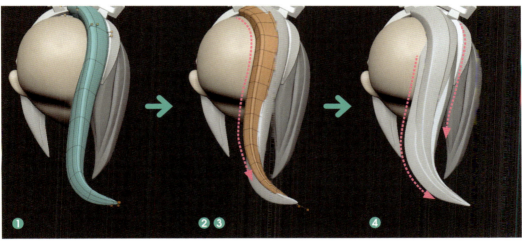

図7-23　髪の毛の上にカーブを沿わせる

今回はフルカラー石膏で出力する都合上、細い首だけで大きな頭部を支えるのが強度的に不安だったので裏側の束を首にめり込ませ、「髪の毛」と「首（背中）」で頭部を支えるような作り方にしています（図7-24）。

> **Memo　石膏出力の注意点**
>
> フルカラー石膏出力の場合、先の尖ったものや薄い板状のもの、細い棒状のものなどは精度・強度面でうまく出力されない場合や、場合によっては出力不可となってしまう可能性があります。
> 出力依頼する業者によって細さや薄さの基準にばらつきがあるので難しいところではありますが、最終的に出力するサイズを常に念頭に置いて、細かさよりもあくまでも強度を優先して作成しましょう。

Chapter 7 仕上げ

図7-24 後ろ髪を首にめり込ませる

後ろ髪も前髪同様、領域ごとに作業していくと気持ち的に楽です。髪型によって変えたほうがよいですが、今回大まかに4つの領域に分けて作業しました。図7-25は作業領域ごとにポリペイントで色分けした参考画像になります。

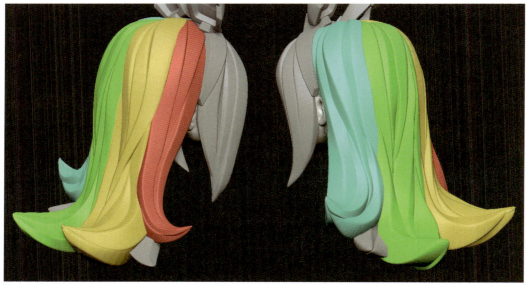

図7-25 作業領域ごとに色分けした後ろ髪

7-2-10 シルエットを確認

ポーズ同様、髪の毛も全方位からシルエットの状態を確認します。シルエット表示については「6-3-6 シルエットを確認する」を参照してください。

毛束が波打ってしまっている箇所、毛先の方向、体を表示した状態でのシルエットの見え方などをSnakeHookブラシを使って修正していきます（図7-26）。

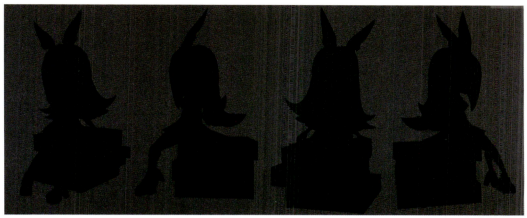

図7-26 シルエットで全体の形状・バランスを確認する

図7-27はIMMブラシを使って髪の毛の配置が完了したモデルの参考です（Sample Data：Ch07_01.zpr）。

表側の見える部分は丁寧に作業しますが、裏側は胴体でほとんど隠れてしまうので太めの束でざっくり配置しています。またハイライトが入る頭頂部付近のラインはほとんど消してしまうので、束同士の段差が少なくなるように配置しています。

図7-27 配置完了時の髪の参考

ポーズと同様、実際にはこの配置作業にはかなり時間が掛かります。根気よく作業していくしかありませんが、1日数本ずつでもよいので作業していけば必ず終わらせることはできます。少しずつ積み重ねていきましょう。

Chapter 7 仕上げ

7-3 髪の毛の仕上げ

髪の毛の配置がすべて完了したら、次はブラシを使ってディテールを追加していきます。
デフォルトのブラシだけでは綺麗に髪の毛のラインを入れていくことが難しいため、ここでは主にダウンロードデータ内の3種類のカスタムブラシを使っていきます。カスタムブラシをまだ読み込めていないという方は、「7-1-1 ブラシの読み込み」を参考にすべて読み込ませておきましょう。

7-3-1 髪の毛の彫り込み

ダイナミックサブディビジョンを［適用］してサブディビジョンレベルに変換し、さらに［ディバイド］を押してサブディビジョンレベルをいくつか追加します。ここでは5まで追加しました。この後、髪の毛は一束一束サブツールを分けても構いませんが、作例では領域ごとにサブツールにまとまっている状態で進めていきます。

まずDTR_Cloth_Hブラシを使って束の表面を彫っていきます（図7-28）。ポリグループマスクを利用して束ごとに作業するとよいでしょう（「7-2-5 ポリグループマスク」参照）。
なるべく1回のストロークできれいなラインを引けるようにします。納得いかなければCtrl＋Zで戻ってやり直します。戻さずに何度も重ねてストロークしてしまうと山の高さが凸凹になったり、凸のラインが崩れてしまいますので、慣れないうちは何度も引き直して納得いくラインが出るまでやり直しましょう。DTR_Cloth_Hブラシはこのように「への字」状に盛り上げるブラシです。ブラシの中心と縁にハードエッジが残るような盛り上がり方をするので、髪の毛のラインやハードな服のシワを彫るのに向いています。

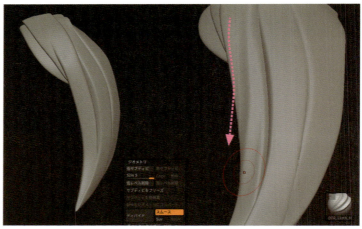

図7-28　DTR_Cloth_Hブラシでのラインストローク

次に、盛り上げた山の片側の斜面に対して、DTR_Cloth_Sブラシで反り返しを彫っていきます。ブラシサイズを片側の斜面と同じくらいに設定してストロークします（図7-29）。
このブラシはZ強度が弱く設定してあり、同時にスムースがかかるように設定されているので何回かブラシをストロークさせても大丈夫です。側面を削り落とす感覚で彫っていきます。

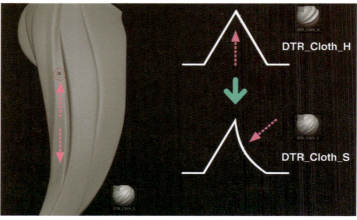

図7-29　山の斜面に反りを作る

この反りを付けることでより陰影がはっきりとします。反りの加工前と加工後の画像を比較してみてください（図7-30）。画像のようにくぼみに入り込む部分など陰を強調したい部分について反りの加工をします。

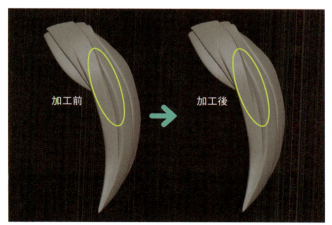

図7-30　反りの加工前と加工後の比較

髪の毛は主にDTR_Cloth_Hブラシを使用していますが、ハードエッジが出すぎてしまうと感じたらDTR_Clothブラシを使ってみてください。こちらはブラシの縁にはエッジが出ない設定になっています（図7-31左）。

またDTR_Cloth_HブラシをAltキーを押しながらストロークすることでシャープな切り込みを、DTR_ClothブラシをAltキーを押しながらストロークすることでソフトな切込みを作成することもできます（図7-31）。

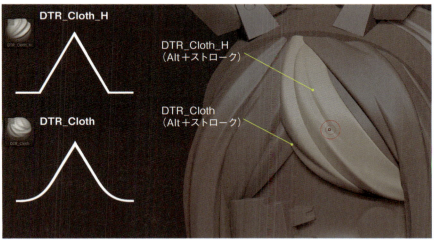

図7-31　DTR_ClothとDTR_Cloth_Hの違い

この要領でディテールを追加していきます。束の集中しているつむじ周辺や毛先などは束と束のメッシュを結合してから作業するのでいまのところは彫らないでおきます。
出力後の造形物はモニター上で見ているサイズ感よりも小さくなることが多いので、全体のスケールだけでなく彫り込んだ凹凸まで小さくなること考慮し、モニター上では「強すぎたかな？」くらいの凹凸感で彫っておきましょう（図7-32）。

Chapter 7 仕上げ

図7-32 ディテール追加後の参考

7-3-2 束同士を結合

髪の毛のサブツールをダイナメッシュにすることで、束と束が重なっていた状態から完全にメッシュがくっついた状態になります。

ダイナメッシュ化する前に、各サブツールでポリゴンに粗い部分がないかチェックしておきます。ポリゴンが粗くなっている部分がある場合はサブディビジョンレベルを追加して滑らかにしておきましょう（図7-33）。

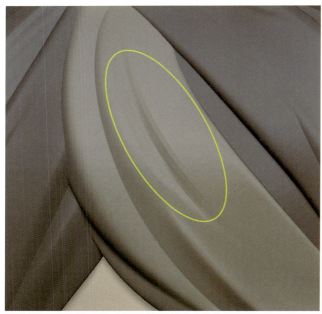

図7-33 ポリゴンが粗くなっている部分の参考

> **Memo 結合前と後**
>
> 一旦ダイナメッシュ化してしまうと、サブディビジョンのようにローポリ状態に戻すことはできません。ここまででシルエットの調整や束同士の重なりなどの配置作業は完全に終わらせておきましょう。また保険でダイナメッシュで結合する前後でセーブファイルを別名保存しておくとよいでしょう。

サブディビジョンレベルを一番高い状態にし、[ツール→ジオメトリ→ダイナメッシュ→解像度]の数値をなるべく上げてから[ダイナメッシュ]をオンにします。ここでは解像度を2000程度に設定しました（詳しくはこの後のMemoを参照してください）。

サブディビジョンレベルを複数持ったメッシュに対して[ダイナメッシュ]をオンにすると図のようなメッセージが出ますが、ここは[NO]を選択してください（図7-34）。

図7-34　ダイナメッシュ時の警告メッセージ

> **Memo　ダイナメッシュを高解像度に設定する場合**
>
> [解像度]は4096が最大値ですが、PCのスペックによっては最大まで上げるとフリーズしたり計算に非常に時間がかかってしまう場合があります。よほど大きく複雑な形状でない限り4096まで上げるメリットはありません。今回の髪の毛くらいの形状であれば2000程度まで上げれば十分でした。

7-3-3　hPolishブラシで溝を埋める

ダイナメッシュによって束同士が結合されたので、ブラシでその溝を埋めることができます。
ブラシはhPolishブラシを使います。このブラシは弱いTrimDynamicブラシのような感覚で使えます。TrimDynamicブラシが削りながら「形状を作成する」のに対し、hPolishブラシは削りながら「表面を整える」ようなイメージです。
このブラシをAltキー＋ストロークすることで溝を埋めるようにして使うことができます。「Altキー＋ストロークで凹面を埋める」→「ストロークで表面を均す」→「Smoothブラシ」→…のような流れで溝を埋めていきます（図7-35）。束と束の段差があまりにも大きいとこの埋める作業がうまくいかず、きれいに埋めることができない場合もあります。その場合はダイナメッシュで結合する前のデータに戻ってから、サブディビジョンレベルを下げた状態で配置を修正してみてください。

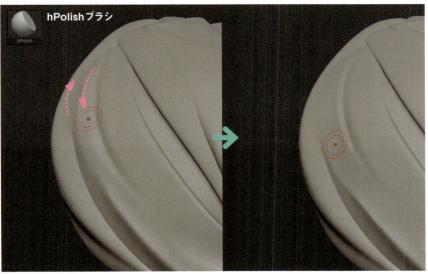

図7-35　hPolishブラシを使って溝を埋めていく

7-3-4 先端の溝と段差を埋める

髪の毛の先端の溝や段差もhPolishブラシを使って埋めていきます（図7-36）。
髪の毛の束間で溝や段差がなるべく出ないように配置しておくとこの作業が楽になります。埋めるのが大変な場合はダイナメッシュにする前の束の状態のデータからやり直したほうがよい場合もあります。

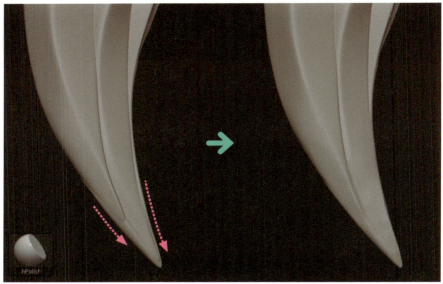

図7-36 先端の処理

このようにサブツールごとに「ダイナメッシュ化」→「溝・段差埋め」の作業を行います。hPolishブラシだけでなく、Smoothブラシも併用していくとよいでしょう。その際せっかく彫った凹凸も消さないようにブラシサイズに注意してください。

7-3-5 頭頂部の溝と段差を埋める

サブツールごとに溝・段差埋めが完了したら、サブツールを［下と結合］してからダイナメッシュを更新し、サブツール同士を一体化します。ここでは前髪部分をすべて一体化しました。
また面積の広い部分を滑らかに整える場合は、hPolishブラシではなくsPolishブラシを使うとエッジが残らず滑らかな面にすることができます（図7-37）。使い方はhPolishブラシとまったく同じです。

図7-37 sPolishブラシ、hPolishブラシを併用

後頭部側も同様に作業していきます。配置・彫り込み・溝埋めの際は以下のポイントに注意しましょう。

・髪の溝同士およびブラシで彫る凸ライン同士は、なるべく平行に揃わないようにする（ピンクライン）
・途中まで溝を埋めた際にできる「への字」状の部分も高さが揃わないようにする（青ライン）
・拡大した状態で作業に夢中になりすぎて、全体を見たときの印象を見失わないようにする

この3点を意識して、いかにもIMMブラシで作ったような"デジタル感"が出すぎないようにラインを崩していきます（図7-38）。

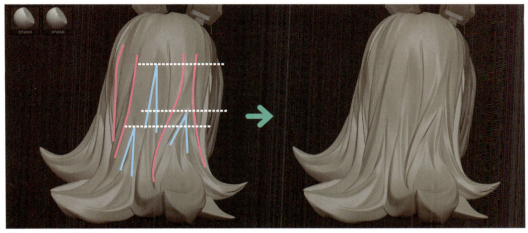

図7-38　後頭部の処理

書籍という形式の事情で一ヵ所ごとに仕上げているように感じてしまいますが、実際はまず全体をざっくり彫って仕上がりのイメージを固めてから、さらに全体的に少しずつ彫り進めています。部分的に一気に仕上げていってしまうと最後に全体を見渡した時に理想のイメージと違ってしまうことが多いので気をつけましょう。

この後は服の仕上げ作業に移りますが、髪の毛が高解像度のダイナメッシュのままだとPCの動作が重くなってしまう場合があります。その場合は先にChapter 8に進んでください。「8-2-1　デシメーションマスターを使ったリダクション」まで作業を進めておくとPC動作が軽くなるはずです。

Chapter 7 仕上げ

7-4 服のモデリング：仕上げ

サブディビジョンレベルを上げて彫り込んでいく前にある程度モデリングをしていきます。また、ここでフリル・エプロン・リボンのパーツも追加していきます。

7-4-1 ワンピースの仕上げ

ローポリでは表現しきれなかったVネック部分を、ダイナミックサブディビジョンからサブディビジョンレベルに変換することで作成していきます。
サブディビジョンレベルを少しずつ上げながらSnakeHookブラシを使って首元をV字型に変形させます（図7-39）。サブディビジョンレベルを使ってシャープな角を作る作業の詳細は「3-7-6 鼻先、顎先を調整する」を参照してください。

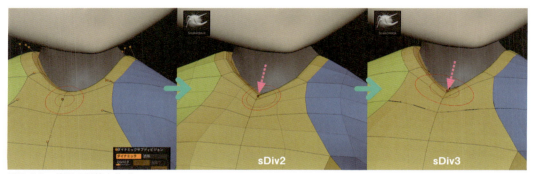

図7-39　首元の形状を作成

その他の形状（胸・脇・肩など）もSnakeHookブラシを使ってsDiv2〜3くらいでざっくり整えます（図7-40）。

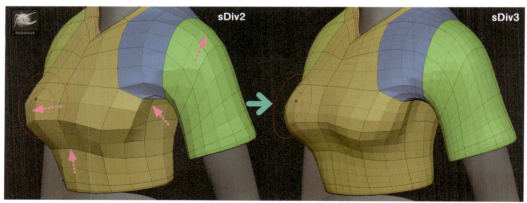

図7-40　胸・脇・肩などの形状を作成

脇の下など狭くてブラシ作業がやりづらい箇所は、マスクをかけてから作業するとよいでしょう（図7-41）。
またポーズを作成した際にずれてしまったパーツ間の隙間も埋めておきます（図7-42）。

7-4 服のモデリング：仕上げ

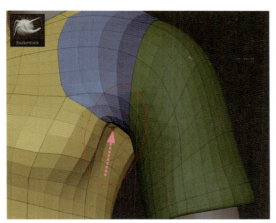

図7-41　入り組んでいる箇所はマスクを併用する

図7-42　肩とアーマーの隙間を埋める

sDiv3くらいまでである程度形状がとれたら、さらにサブディビジョンレベルを追加して（sDiv5〜7まで上げて）滑らかにします。

続けて服にシワを彫り込んでいきますが、その前にサブツールを複製しておきましょう（図7-43）。複製元はシワを彫り込むためのもので、複製したサブツールは襟やエプロン（上）などのパーツを抜き出す際に使用します。

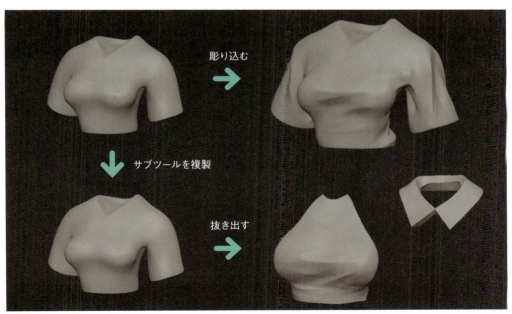

図7-43　ワンピース（上）の複製

髪の毛で使用したClothブラシとCloth_Sブラシを使ってシワを彫り込んでいきます。いきなり最大のサブディビジョンレベルではなく、少し下げたsDiv4〜5くらいから彫り始めるのがポイントです。

まずsDiv4の状態でClothブラシを使って服のシワを彫っていきます。細かいシワというよりも重力や動き・風の力でできる服の大きなうねりを作成するようなイメージです。どこで布が支えられていてどこに向かって落ちるか・布が流れるかを意識しながら大きめのブラシサイズで彫っていきます（図

217

7-44)。

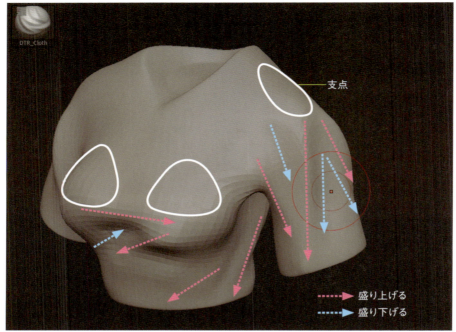

図7-44　大きな流れを彫る

彫り進めていくとシルエットが凸凹になってきますので、一度サブディビジョンレベルを（彫った凸凹がわかる程度まで）落とし、SnakeHookブラシで押し込むことでシルエットを修正します（図7-45）。

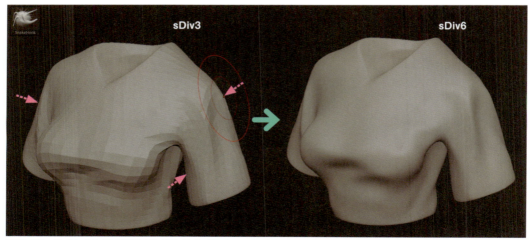

図7-45　作成したシワの凹凸ごと押し込んでシルエットを修正

ここからさらに細かいシワを彫り込んでいきます。
Clothブラシでシワを彫り込み、Cloth_Sブラシで反りを作ることでシワにメリハリをつけていきます（図7-46）。ブラシの使い方や凹凸の作り方は「7-3 髪の毛の仕上げ」を参照してください。

7-4 服のモデリング・仕上げ

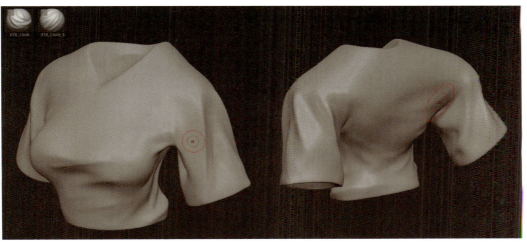

図7-46 シワの彫り込み

このような流れで服のシワを作り込んでいきます。シワの凹凸感は視点を一旦引いてみて、「やりすぎかな？」というくらいまで彫り込んだほうが出力後にちょうどよい感じになります。

7-4-2 襟の作成

複製しておいたもう一方のワンピースのサブツールから襟を作成していきます。
サブディビジョンレベルを最大に上げ、「5-4-8 マスクからポリゴンを抜き出す」の手順で襟の形状にポリゴンを抜き出し、「Zリメッシュ」→[エッジ削除]を行いポリゴンを整頓します（図7-47）。

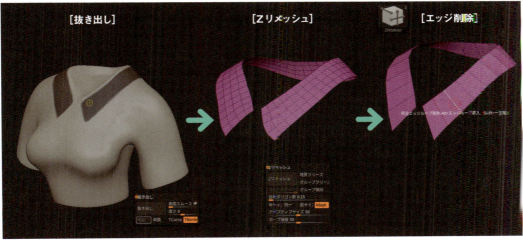

図7-47 襟を抜き出す

SnakeHookブラシなどで襟の位置を合わせ、ZModelerの[POLYGON ACTIONS→押し出し]を使って厚みを追加し、[EDGE ACTIONS→クリース]でハードエッジを作成します（図7-48）。襟の厚みは体側に完全にめり込むようにしておきましょう。

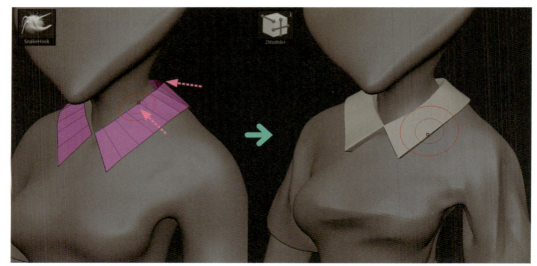

図7-48　襟に厚みを作る

7-4-3 エプロン（上）の作成と仕上げ

次は上半身のエプロンを抜き出します。マスクをかけて［抜き出し］を使って板ポリを作成し、さらに［Zリメッシュ］でポリゴン数を減らします（図7-49）。体に密着している形状をZリメッシュする場合、［目標ポリゴン数］を減らしすぎると体のラインに形状が合わなくなってしまいます。ここでは0.6に設定しましたが、形状によってこの数値は変わってきます。図のメッシュの細かさを参考に［目標ポリゴン数］を設定しましょう。

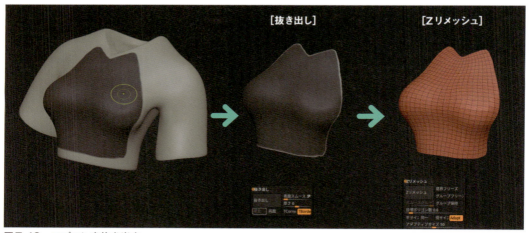

図7-49　エプロンを抜き出す

体とぴったり重なっているポリゴンをSnakeHookブラシを使って少し離し、角の部分の形状もSnakeHookブラシで整えていきます（図7-50左）。
整えたら［ツール→ジオメトリ→Zリメッシュ→同一］をオンにした状態で［Zリメッシュ］を実行します（図7-50右）。［同一］をオンにすることでポリゴン数は変えずにポリゴンの流れだけを整えることができます。ポリゴン数を落とさないことで体に密着した形状を維持しつつ、整えた形状に合わせてポリゴンを整理することができます。

7-4 服のモデリング　仕上げ

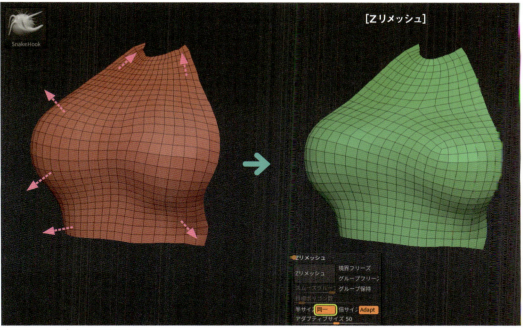

図7-50　エプロンの形状を整える

ZModelerの[POLYGON ACTIONS→押し出し]で全体に厚みを作ります（図7-51左）。その後[EDGE ACTIONS→挿入]でエッジを追加し（図7-51中央）、厚み部分をハードエッジにしたところでSnakeHookブラシ等で体とのめり込みを調整します（図7-51右）。

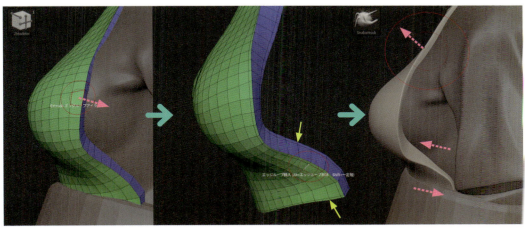

図7-51　エプロンの厚みを作成

ワンピース（上）と同様にサブディビジョンレベルを少しずつ上げながら、Clothブラシ、Cloth_Sブラシでシワを彫り込んでいきます。体に密着しているエプロンは空間になびく部分ではないため、風や動きでできるうねりではなく、「どこから引っ張られるか」「どこに向かってたるんでいくか」「どこで布が寄るか」などを考えながら彫っていきます（図7-52）。

Chapter 7 仕上げ

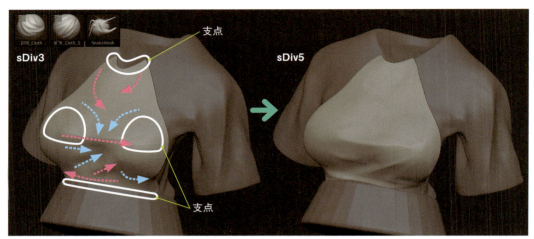

図7-52 エプロンのシワを彫り込む

7-4-4 スカートの仕上げ

まずはZModelerの[EDGE ACTIONS→閉じる]を使って上下面に蓋をします（図7-53左）。その後 [EDGE ACTIONS→挿入]で縁にエッジを追加し（図7-53中央）、ダイナミックサブディビジョンをオンにした際に縁がハードエッジになるようにします（図7-53・右）。

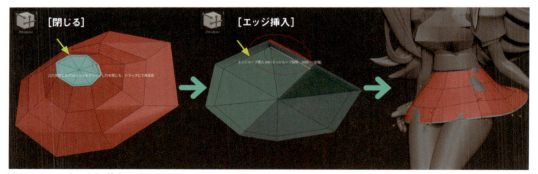

図7-53 スカートに蓋をする

底の蓋の部分をSnakeHookブラシを使って少し押し込みます（図7-54）。今回はフルカラー石膏出力で出力サイズも小さいことからほんの少しだけにしました。押し込みすぎてしまってスカートの厚みが薄くならないように注意してください。

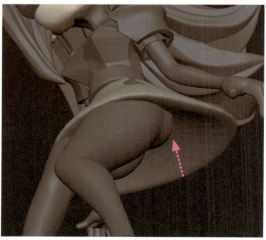

図7-54 スカートの内側を押し込む

7-4 服のモデリング：仕上げ

またスカートの丈については後でフリルを追加する分の隙間を空けておきましょう（図7-55）。

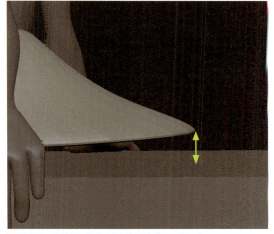

図7-55　フリルの分だけ隙間を作っておく

ダイナミックサブディビジョンからサブディビジョンレベルに変換し、SnakeHookブラシを使ってsDiv2～3で形状を作成します（図7-56）。

さらにサブディビジョンレベルをsDiv6～7くらいまで追加し、表面を滑らかにします（あくまで表面を滑らかにする目的でサブディビジョンレベルを上げるだけで、ブラシで編集しないようにします）。

上半身の時と同様に、シワを彫り込む前にスカートのサブツールを複製しておきましょう。複製したサブツールはエプロン（下）の抜き出し用として使用します。

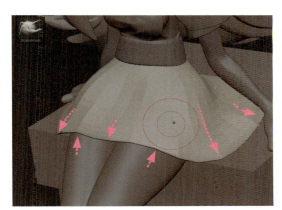

図7-56　sDiv2～3で形状作成

ClothブラシやCloth_Sブラシを使ってシワを彫り込んでいきます。
スカートについては腿と台座に接地しているので、大きく流れるようなラインではなく腿・台座に引っかかってシワが寄るようなイメージで彫っていきます。（図7-57）。

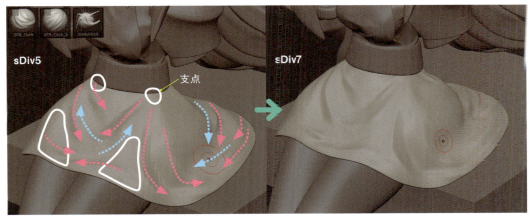

図7-57　スカートの彫り込み

7-4-5 エプロン（下）の作成と仕上げ

まずは複製しておいたスカートの表面にエプロンの形状のマスクを作成し（図7-58a左）、［抜き出し］を使ってポリゴンを切り出します（図7-58a中央）。［Zリメッシュ］時にギザギザの三角形が崩れない程度に［目標ポリゴン数］を設定します。ここでは0.4程度で実行しました（図7-58a右）。

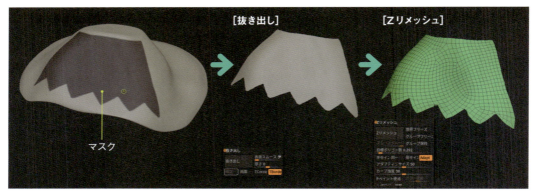

図7-58a　エプロン（下）の抜き出し

さらに［Zリメッシュ］を［同一］の設定で再度実行しポリゴンを整えたあと（図7-58b左）、SnakeHookブラシなどでギザギザの角の形状を修正します（図7-58b中央）。

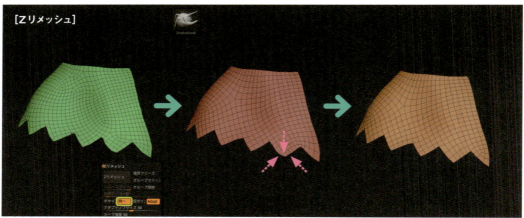

図7-58b　エプロンの形状調整

エプロン（上）と同様にZModelerの［POLYGON ACTIONS→押し出し］で厚みを追加していきます（図7-59）。

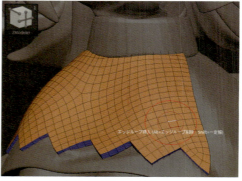

図7-59　エプロンに厚みをつける

7-4 服のモデリング・仕上げ

> **Tips** 厚みのあるパーツを薄いように見せるテクニック
>
> ZModelerの[POLYGON ACTIONS→スケール][TARGET→ポリアイランド]を使って裏側のポリグループのみ縮小しておくと、正面から見たときに薄い形状のように見せることができます(図7-60)。ZModelerの[スケール]については「5-3-3 ZModeler：スケール(ポリゴン)」を参照してください。
>
>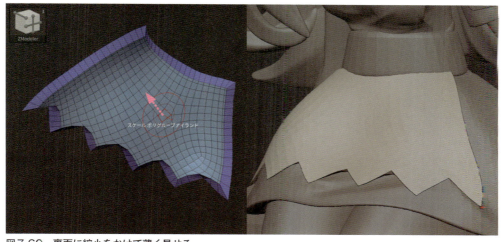
>
> 図7-60　裏面に縮小をかけて薄く見せる

厚みを作成後、エプロン(下)にサブディビジョンレベルを追加しブラシを使ってシワを彫り込みます(図7-61)。ここは腰の両端で引っ張られている力を考慮して左右から交差するようにブラシを引いていきます。彫り込み方法ついては説明を省いていますが、詳細な説明は「7-4-1 ワンピースの仕上げ」を参照してください。

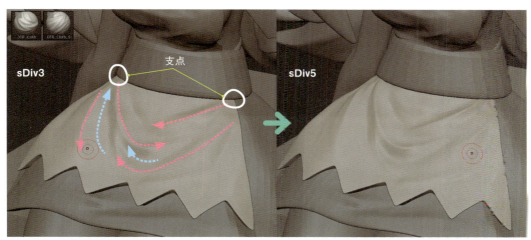

図7-61　エプロン(下)の彫り込み

7-4-6 リボンの作成と仕上げ

腰に巻かれているリボンの後ろ側の結び目を作成しましょう。まずシンプルなメッシュを配置して大きさのバランスをとります。
結び目の部分はギズモ3Dの形状変換から[PolyCube]を作成して配置し、リボン部分は[PolyPlane]を配置します（図7-62）。

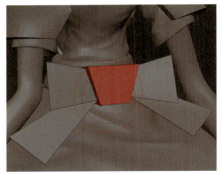

図7-62　シンプルなメッシュを配置

ZModelerを使って厚みを作成し、エッジを数本追加します。ダイナミックサブディビジョンの状態を確認しながら作業しましょう。また下側のリボンについてはエプロンと同様、厚みが目立たないように先端を斜めにしておくと見栄えが良くなります（図7-63）。

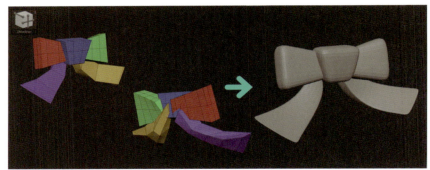

図7-63　ローポリモデルを作成

このダイナミックサブディビジョンの状態のままSnakeHookブラシ等を使って形状を作成します（図7-64左）。大まかな形が取れたら、今度はサブディビジョンに変換しシワを彫り込んでいきます（図7-64右）。大きな蝶結び部分やリボンの根元など布が強く絞られているところは、Clothブラシのブラシサイズを大きくして思い切って強めに盛る＆押し込んで大きく彫るのがコツです。

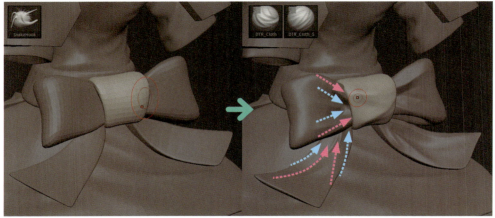

図7-64　リボンの彫り込み

同じように腰のリボンについても彫り込みます（図7-65）。主に腰の後ろで結んでいる箇所に引っ張られるようにシワを強く彫ります。

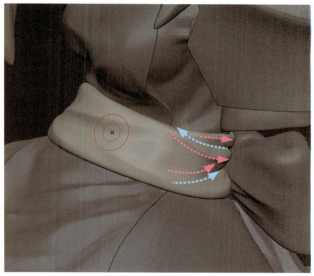

図7-65　腰リボンの彫り込み

7-4-7 カーブファンクションを使ったフリルの作成

DTR_Frillブラシを使ってスカートの縁にフリルを作成していきます。DTR_Hairブラシと同様にカーブを引いてフリルを配置していきますが、カーブを自動で引くことで簡単に配置することができます。

まずはスカートのサブツールを複製し、カーブを引くためのサブツールを用意します。
複製したサブツールのサブディビジョンレベルは中間くらいのレベル（ここではsDiv4）にしておき、[低レベル削除]と[高レベル削除]を実行してサブディビジョンレベルをすべて削除します（図7-66）。

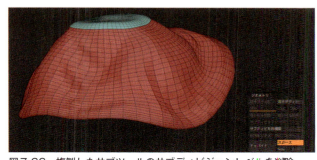

図7-66　複製したサブツールのサブディビジョンレベルを削除

ZModelerの[EDGE ACTIONS→クリース][TARGET→完全エッジループ]に設定し、スカートの外側、縁付近のエッジをクリックしてクリースエッジにします（図7-67）。ポリゴン数が多すぎるとここでエッジがクリックしづらいため、中間くらいのサブディビジョンレベルでサブディビジョンレベルをすべて削除しました。

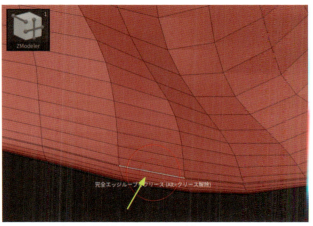

図7-67　スカート外周をクリースエッジ化

Chapter 7 仕上げ

[ストローク→カーブファンクション→フレームメッシュ]を使うと自動でカーブを作成できます。実行する前に「ポリゴンの縁」「ポリグループ境界」「クリースエッジ上」のオプションを選択することで任意の箇所に引くことができます。

今回は[縁]と[ポリグループ]をオフ、[クリースエッジ]のみオンの状態にしてから[フレームメッシュ]ボタンで先ほど作成したクリースエッジ上にカーブを作成します(図7-68)。

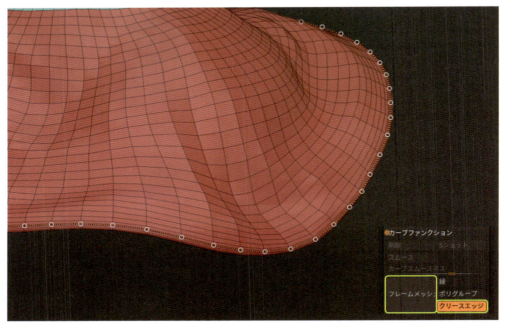

図7-68 クリースエッジ上にカーブを作成

カーブを作成後、DTR_Frillブラシに持ち替えてカーブをクリックすると、そのカーブに沿ってフリルが配置されます(図7-69左)。スカートの上側に配置されてしまうので、[ブラシ→深度→埋没深度]の数値をマイナス寄りに変更し、再度カーブをクリックしてメッシュを更新してください。この[埋没深度]を変更することで、メッシュを配置する深さを変えることができます。

ついでにメッシュの種類を[Frill_B_L]に変更し、さらにブラシサイズも大きくした状態でカーブをクリックしてメッシュを更新しました(図7-69右)。

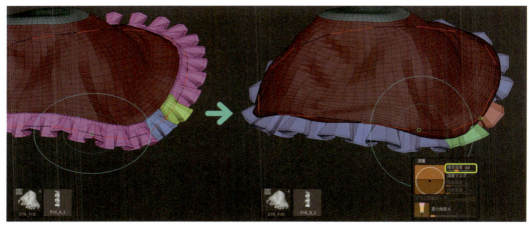

図7-69 埋没深度によるメッシュの更新

Memo DTR_Frillブラシ

DTR_Frillブラシには4つの形状が登録されています。

・Frill_A_R：小さいフリル向け
・Frill_B_R：大きいフリル向け
・Frill_A_L：小さいフリル向け（配置方向が逆向き版）
・Frill_B_L：大きいフリル向け（配置方向が逆向き版）

Aタイプはうねりや内側の凹みが小さく、Bタイプはうねりが比較的大きく凹みも大きめに作成してあります（図7-70）。

うねりや凹みを変えているのは、シリコン型で複製する時の都合で上記のように小さいフリル・大きいフリルと使い分けます。フルカラー石膏出力では複製のことは考慮する必要はないので好みのタイプを使っていただいて問題ありません。
配置方向については腕やヘッドレストなど下向きではない場合、あるいはメッシュ配置でフリル方向が逆になってしまう場合などに使用します。

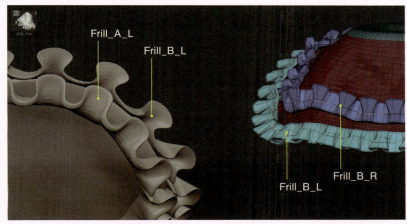

図7-70　DTR_Frillブラシ

7-4-8 フリルを繋げる

フリルの始点と終点はメッシュが繋がっていないので、ZModelerを使ってこれを繋げます。始点と終点でメッシュが交差してしまっている場合は、作業しやすいようにSnakeHookブラシなどを使って離しておきましょう。

ZModelerの[POLYGON ACTIONS→削除]で始点と終点の末端（厚み部分）のポリゴンを削除します（図7-71）。

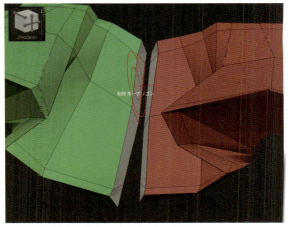

図7-71　始点と終点のポリゴンを一部削除

Chapter 7 仕上げ

ZModelerの[POINT ACTION→接続][MODIFIERS→中点]で始点の頂点と終点の頂点を繋げていきます(図7-72)。[MODIFIERS]で2点クリック後の接続される位置を設定できます(中点に設定することで、クリックした2ヵ所の中間地点で頂点が接続されます)。詳しい使い方は「5-5-7 ZModeler：頂点の接続」を参照してください。

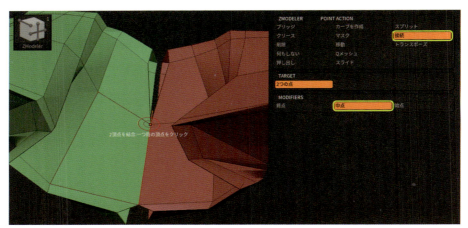

図7-72　頂点を繋げてメッシュを接続する

7-4-9 ギズモ3D：膨張

繋げ終わったらメッシュ全体を膨らませて厚みを増やしていきます。
モードを切り替えてギズモ3Dを表示し、Ctrlキーを押しながら中央の黄色い四角をドラッグすると全体を膨張させることができます(図7-73)。

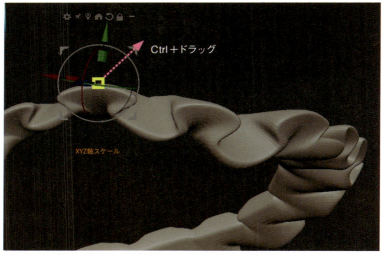

図7-73　ギズモ3Dを使った膨張

> **Memo　強度を考慮した形状作成**
>
> 厚みを増やしたことでエッジが甘くなってしまいますが、元々DTR_Frillブラシがフルカラー石膏向けではなく縁が薄いメッシュになっており、強度の問題からフルカラー石膏で出力できない可能性があるためこの処置を施しました。

7-4-10 フリルの仕上げ

ダイナミックサブディビジョンを適用し、sDiv2〜3の状態でSnakeHookブラシを使って形状を崩していきます。IMMブラシで作った形状はほぼ同じ形状の連続になるので、いかにもCGっぽい堅苦しい印象になってしまいます。DTR_Frillブラシで追加したメッシュは少ないポリゴンで作成されているので、形状を変えても大きく表面が荒れてしまうことはありません。SnakeHookブラシを使い、大きめのブラシサイズでフリルの形状を一つひとつ変えていきましょう（図7-74）。

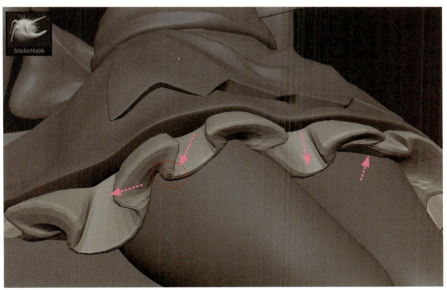

図7-74　フリルの形状を崩していく

フリルの形状を崩し終わったら、サブディビジョンレベルを追加して滑らかにした後、表面に少しシワを追加します。ここでは柔らかいイメージになるようにDTR_Cloth_Sブラシでの反りの加工は行わず、DTR_Clothブラシのみを使って丸みのあるエッジになるように彫っていきます（図7-75）。

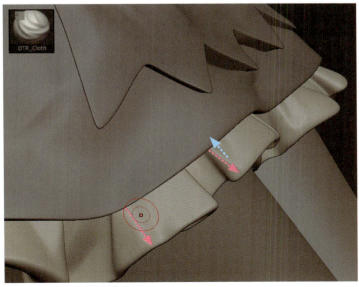

図7-75　フリルの彫り込み

Chapter 7 仕上げ

7-4-11 厚み、強度の確保

すでに何度か説明していますが、フルカラー石膏出力の場合厚みが薄いと出力不可となってしまうことがあります。フリルやリボンなどが薄くなりすぎないように厚みを増やしたり、他の部分にめり込ませることで強度を確保します。

フリルに関しては内側のポリゴンをSnakeHookブラシなどで引っ張ることで脚・台座などにめり込ませることで空間を無くし、強度を確保します（図7-76）。

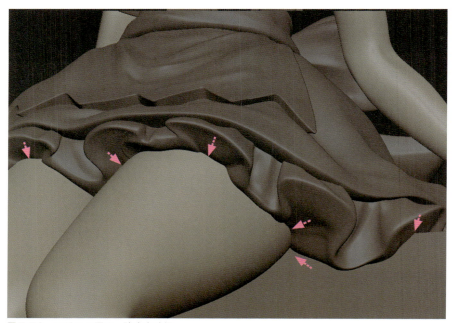

図7-76　フリルの厚み・強度を確保

リボンに関してもスカートになるべくめり込ませるように調整します（図7-77）。

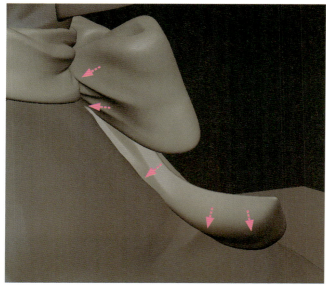

図7-77　リボンの厚み・強度を確保

7-5 体の仕上げ

ポージングで曲げた際に各関節がおかしくなっている箇所を修正していきます。

7-5-1 関節部の修正

サブディビジョンレベルを下げてからSnakeHook等で肘や膝などを修正します。今回のポーズに両膝がくっついているのでマスクやポリグループマスクを使うなど、反対側の脚も一緒に動いてしまわないよう考慮しましょう（図7-78）。

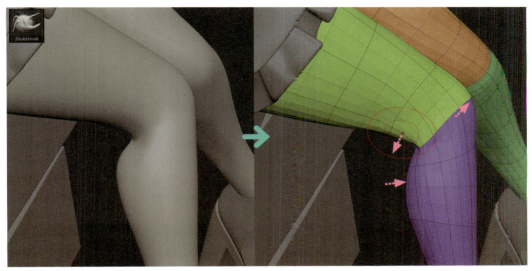

図7-78　膝のメッシュ修正

足首については靴と一体化させるため、なるべく段差ができないように重ねておきます。サブディビジョンレベルを下げてSnakeHookブラシで修正します（図7-79）。
同様に肘・手首も修正します（図7-80）。

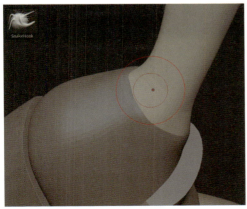

図7-79　足首のメッシュ修正

図7-80　肘・手首のメッシュ修正

7-5-2 Inflatブラシで指を膨らませる

Inflatブラシを使って指を膨らませつつ指同士をくっつけてしまうことで強度を確保します（図7-81）。

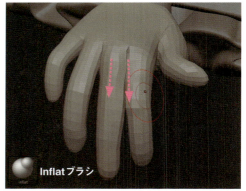

図7-81　Inflatブラシで膨らませる

7-5-3 腕の位置を調整する

作例のキャラクターでは手首がかなり細いため、フルカラー石膏の場合そのままでは出力できない可能性があります。
そこで指は台座に密着するようにし、腕はスカートに少し埋めてしまうことで細い部分が無くなるように調整しました（図7-82）。

手首・足首の繋ぎ目を滑らかに繋げるため、この後、手・足・体のサブツールをすべて結合しダイナメッシュ化を行っていきますが、例のごとくダイナメッシュ化してしまうとローポリモデルには戻れません。ここまででシルエットの調整・関節の重なり・他パーツとの重なり具合などの調整は完全に終わらせておきましょう。またダイナメッシュ前後でセーブファイルを変えておくとよいです。

図7-82　体の強度を確保

7-5-4 関節部の結合

手・足・体のサブツールをすべて結合し、ダイナメッシュをオンにしてメッシュを一体化します。一体化できたら、手首・足首の段差をsPlolishブラシやhPolishブラシを使って滑らかに整えていきます（図7-83）。

整え方については、「7-3-3 hPolishブラシで溝を埋める」を参照してください。

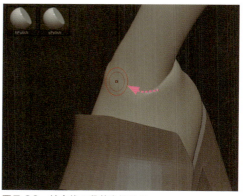

図7-83　結合後の段差を埋める

7-6 ディテールの追加

最後に服の模様やメカ部分のディテールを追加していきます。
主に「ブーリアン演算」という、メッシュを使って削り取る機能を使って作成していきます。

7-6-1 削り取る側のメッシュの作成（ZModeler）

眼帯にハートマークの凹みを作成するため、まずはZModelerでハートマークを作成していきます。ギズモ3Dの形状変換で立方体を作成します。この立方体をZModelerの[POLYGON ACTIONS→押し出し][MODIFIERS→ブラシからステップ]を使って押し出すと、[ステップサイズ]に設定した距離で段階的に押し出されます。[ステップサイズ]は0.1のまま2ステップ分押し出すことで、立方体を縦に1つ分追加することができます（図7-84）。

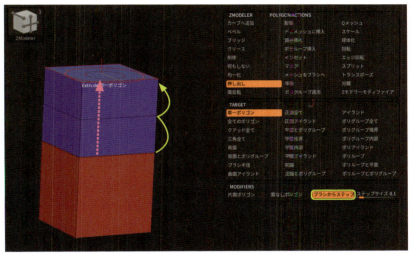

図7-84　ZModeler：押し出しで2ステップ分押し出す

横側も同様に2ステップ分押し出すことで、縦と同じ距離だけ押し出すことができます。最後にハードエッジのコントロールのためエッジを追加します（図7-85左）。
ギズモ3DでShiftキーを押しながら5度ずつ回転させていき、45度のところで止めると角ばったハート型になります（図7-85右）。

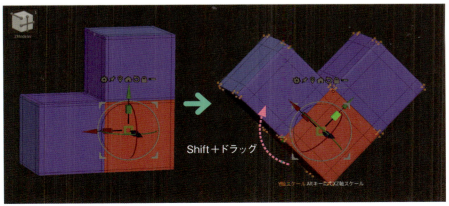

図7-85　ハートマークの完成

7-6-2 ブーリアン演算

作成したハート型のメッシュを眼帯のサブツールにめり込ませてブーリアン演算を実行することで、眼帯をハート型にくり抜くことができます。手順は以下のようになります（図7-86）。

❶ サブツールの順番を「眼帯」（削られる側）が上、「ハート」（削る側）が下の順番にし、その他のサブツールはすべて非表示にする
❷ 「ハート」のサブツール中央のアイコンを[差分]に変更する
❸ ドキュメント左上にある[LiveBoolean]ボタンをオンにする

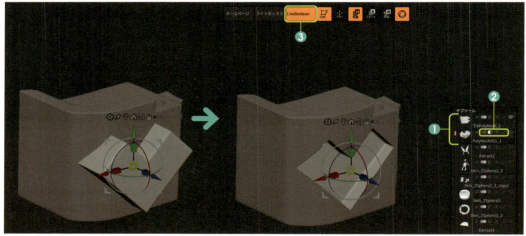

図7-86　ブーリアン演算

[LiveBoolean]がオンの状態ではまだ実際にメッシュが削られたわけではなく、ブーリアン後のプレビューが表示されている状態になります。この状態でハートのサブツール（表示はプレビューのため消えています）を移動させることもでき、削り取る位置・深さ・大きさなどプレビューを見ながら調整が可能です。
位置や大きさの調整が終わったら眼帯とハートのサブツールのダイナミックサブディビジョンを[適用]し、さらにサブディビジョンレベルを追加して（ここではsDiv5まで追加しました）表面を滑らかにしておきます。
準備ができたら[ツール→サブツール→Boolean→ブーリアンメッシュ作成]をクリックして実行します。実行後は別のツールが作成されます。（図7-87a）。

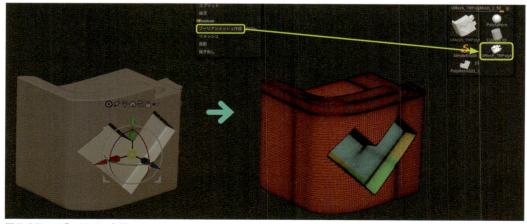

図7-87a　ブーリアン実行

ブーリアン後のツールを、作業していたツールへコピー&ペーストしておきます。ブーリアン実行前のサブツールもそのまま残っていますが、ブーリアンの結果に問題がなければ削除します(図7-87b)。ツール間のコピー&ペーストなどは「4-2-2 変換されたポリゴンをサブツールに追加」を参照してください。

図7-87b　ブーリアン実行後

> **Tips** ブーリアン演算後のメッシュ
>
> ブーリアン時にポリゴンが重なっていた箇所は自動的に分割が追加されます。この分割は三角ポリゴンになっているため、ブーリアン後にサブディビジョンレベルを追加したりブラシで編集すると表面がガタガタなってしまいます(図7-88)。
> ブーリアン演算を行うタイミングは必ず最後の最後、仕上げの段階で行うようにしましょう。
>
>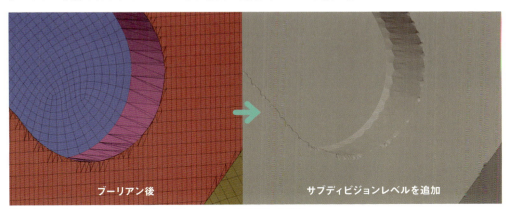
>
> 図7-88　ブーリアン後にサブディビジョンレベルを追加した状態

7-6-3 直線にマスクを引く

次にハートの周囲(眼帯正面の四隅)に楕円状のディテールを追加していきます。
先ほどのようにZModelerでメッシュを作成しても問題ありませんが、ここではマスクからメッシュを作成してみましょう。ダウンロードデータから読み込んだMaskBetaブラシを使用します。このブラシは筆圧が一定で、ブラシのボケが弱く境界をくっきり描くことができ、直線を引くことができる設定になっています。

ブーリアンで作成した眼帯のメッシュを選択し、[解像度]をできるだけ上げてダイナメッシュをオンにします。Ctrlキーを押したままMaskBetaブラシを選択し、次の手順でマスクの直線を引いていきます(図7-89a)。

Chapter 7 仕上げ

❶ Ctrlキーを押しながら引き始める箇所にペン先をつける（ペン先をつけた段階でCtrlキーは離してもOKです）
❷ Shiftキーを押しながらペン先を動かすと赤色のラインが伸びる（※45度ずつで緑色のラインが表示されます。数値は角度を表示しています）
❸ Shiftキーは押したままペン先を動かして引きたい方向・位置までラインを伸ばす
❹ Shiftキーのみ離すとマスクがラインに沿って描かれる

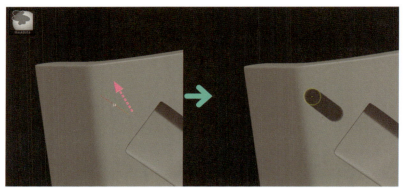

図7-89a　直線にマスクを引く

同じようにして、眼帯正面の他の3つの角にもマスクを描き込みます（図7-89b）。

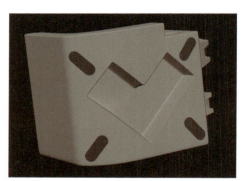

図7-89b　マスクの完了

7-6-4 削り取る側のメッシュの作成（マスク）

マスクをかけたら「抜き出し」を使って板ポリゴンを抜き出します。その後、抜き出したサブツールに対して[Zリメッシュ]を実行し、形状が変わらない程度までポリゴンを減らして整えます（図7-90）。この流れは「5-4-8 マスクからポリゴンを抜き出す」を参照してください。

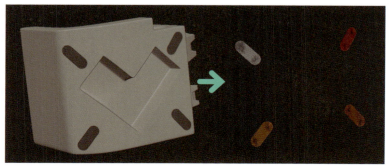

図7-90　抜き出しからZリメッシュ

この板ポリゴンすべてにZModelerの[POLYGON ACTIONS→押し出し][TARGET→すべてのポリゴン]で厚みをつけます。この厚みをつけたメッシュと眼帯のサブツールで再度[LiveBoolean]のプレビューを確認してみると、表面にゴミが発生していると思います（図7-91左）。これは表面が完全に重なってしまっているため、ブーリアンが上手くいっていない状態です。

この場合は削り取る側のサブツールをほんの少しだけ移動させることで直ります（図7-91右）。深さや位置など問題なければこのまま[ブーリアンメッシュ作成]で実行します。

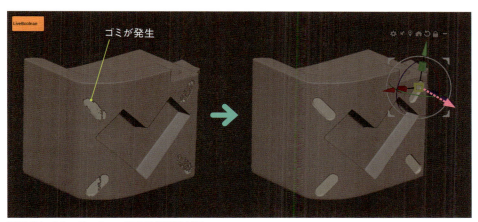

図7-91　LiveBoolean時の重複面の対処

同様にエプロンの模様も、マスクからメッシュを抜き出した後ブーリアンでディテールを追加します（図7-92）。

図7-92　エプロンの模様を追加

Chapter 7 仕上げ

アーマー部分についてはZModelerでメッシュを作成する方法と、マスクからメッシュを抜き出す方法を使ってディテールを追加しました。肩のネジ穴については円と楕円の2種類のメッシュを作成しブーリアンを実行して作成しています(図7-93)。

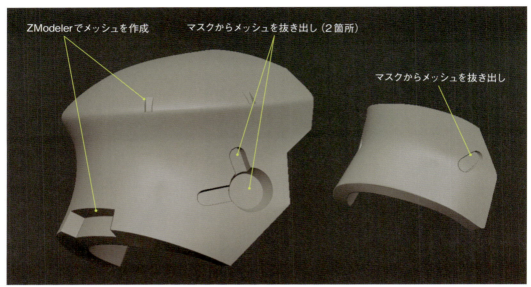

図7-93 アーマーのディテールアップ

カチューシャ部分も同様に行います(図7-94)。

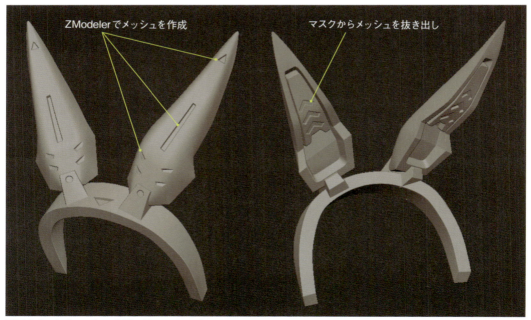

図7-94 カチューシャのディテールアップ

7-6-5 IMM ModelKitを使ったメッシュの追加

IMM ModelKitブラシを選択します。ドキュメント上部のIMMビュアーを左右にドラッグして、120種類のメッシュの中から今回は[Fasteners_1]を選択します(図7-95)。
このブラシは髪の毛やフリルブラシのようにカーブでメッシュを追加するのではなく、IMMビュアーで選択した形状のメッシュを1つだけ追加するIMMブラシになっています。

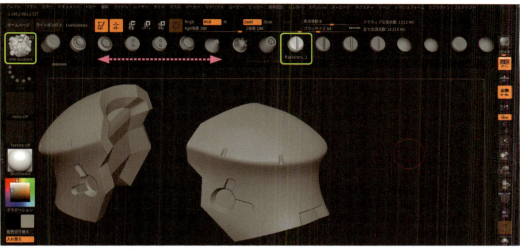

図7-95　IMM ModelKitブラシ

追加したいサブツール(図では肩のアーマー)を選択してドラッグすると、メッシュ表面にネジ状のメッシュが追加されます。ドラッグの長さでネジのサイズを調整でき、ドラッグ中にSpaceキーを押すと位置を調整できます(図7-96)。

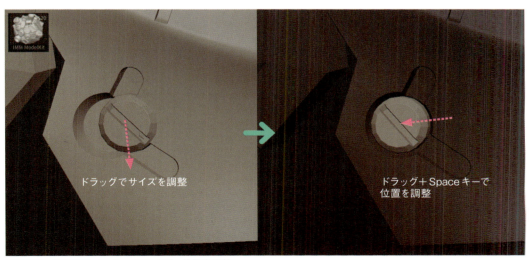

図7-96　追加するメッシュのサイズ・位置を調整

Chapter 7 仕上げ

追加したメッシュは選択サブツール内に追加されるので、ネジだけのサブツールへ分離しておきましょう。

アーマーのメッシュはブーリアン時にポリグループが細かく分けられてしまっているので、アーマー側を Ctrl + W で単色ポリグループにしてから [グループ分割] でアーマーとネジのサブツールを分離します（図7-97）。

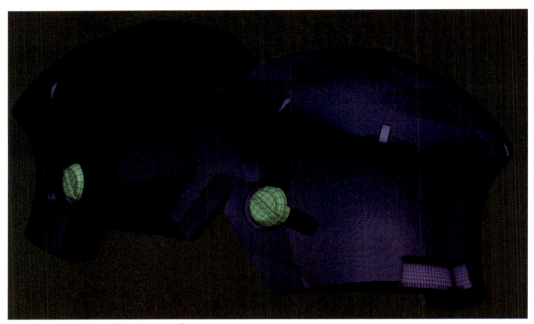

図7-97　ポリグループを整理してサブツールを分ける

追加したメッシュはローポリモデルですが、クリースエッジの処理がすでに完了しているためこのままサブディビジョンレベルを追加するだけで綺麗になります。ここではsDiv4まで追加しました（図7-98）。

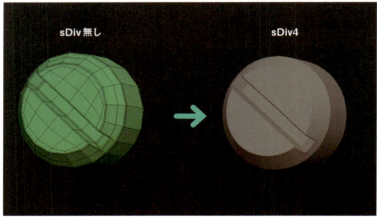

図7-98　サブディビジョンレベルを追加

これでキャラクターの作り込みは完了になります。

7-7 台座の作成

キャラクターのみの状態で出力しても問題はありませんが、せっかくなので自立できるように台座（△）を作成してみましょう。

7-7-1 ZModeler：ポリグループ適用（エッジ）

ラフで配置したものをそのまま加工して作成していきます。図7-99を参考に、まずはエッジを挿入してハードカバー部分と紙部分に分けられるようなエッジを追加していきましょう。

ZModelerを［EDGE ACTIONS→ポリグループ適用］に設定しエッジをクリックすると、一定方向（ポリループ）に向かってポリグループが分けられます。ポリグループが変わらない場合はクリックをしたまま（ペン先をつけたまま）、続けてAltキーを押してみてください。ポリグループの色が変わったのを確認後ペン先を離します。

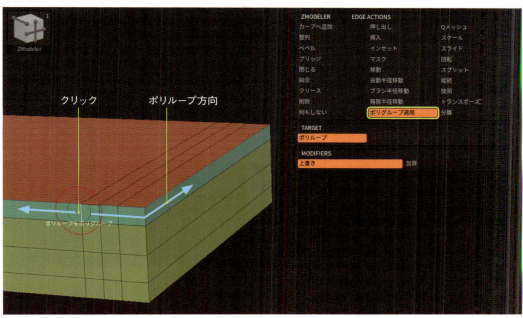

図7-99　ZModelerを使ったポリグループ化

7-7-2 ハードカバーの作成

ハードカバー部分をポリグループに分けていきます。
ZModelerの[POLYGON ACTIONS→Qメッシュ][TARGET→ポリアイランド]で紙にあたるポリゴン部分をドラッグして、この部分をくり抜きます（図7-100）。これでハードカバーを作成できました。

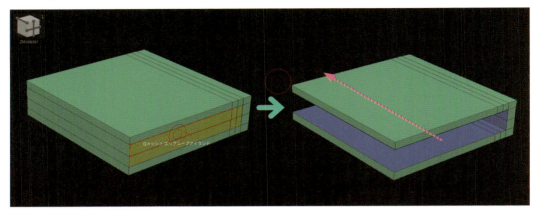

図7-100　ハードカバーの作成

続けて、ZModelerの[EDGE ACTIONS→トランスポーズ][TARGET→完全エッジループ]を使ってカバーの開き構造部分の溝を作ります（図7-101）。

図7-101　カバー部分の溝の作成

背表紙部分についてはZModelerの[EDGE ACTIONS→スライド][TARGET→エッジ]で丸くします（図7-102）。

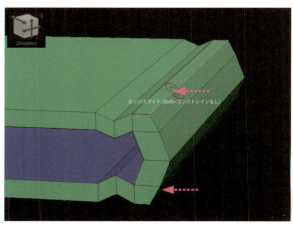

図7-102　背表紙部分の丸みの作成

最後にハードエッジになるようエッジを追加し、ダイナミックサブディビジョンをオンにして確認します（図7-103）。

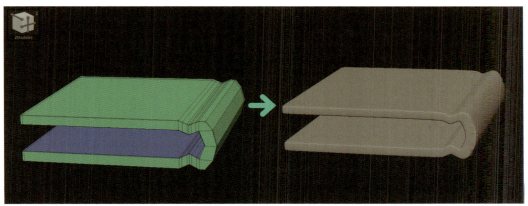

図7-103　ダイナミックサブディビジョンで確認

7-7-3 紙部分の作成

カバーの内側のポリゴンをAltキーで指定後、ZModelerの[POLYGON ACTIONS→押し出し]でドラッグ中にCtrlキーを押して板ポリゴンを切り出します（図7-104）。切り出した板ポリは[シェル分割]を使って別のサブツールにしておきます。

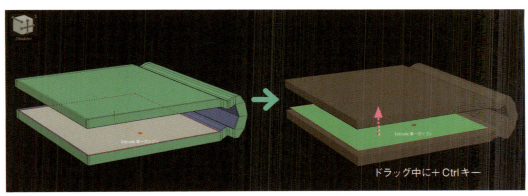

図7-104　紙部分を切り出す

作成した板ポリゴンに厚みをつけてハードカバー部分にめり込むようにサイズを調整しておきます。その後、ZModelerの[EDGE ACTIONS→挿入][TARGET→複数エッジループ][MODIFIERS→特定密度]を8に設定し、さらに[MODIFIERS→インタラクティブ高度][MODIFIERS→平均ノーマル]に変更したら、紙部分の角のエッジをドラッグして側面に弧を作成します（図7-105）。

Chapter 7 仕上げ

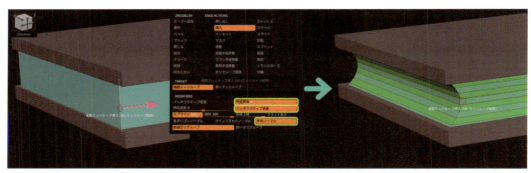

図7-105　ZModeler［EDGE ACTIONS→挿入］の応用設定

このポリゴンにハードエッジになるようエッジを追加し、ダイナミックサブディビジョンで確認後、サブディビジョンレベルに変換します。
sDiv3〜4の状態でDTR_Clothブラシを使って紙の重なりを表現するためのスジを彫っていきます（図7-106）。

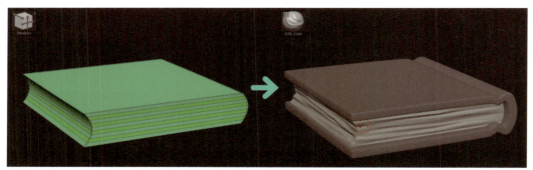

図7-106　凹凸の彫り込み

できあがったらカバー部分にもサブディビジョンレベルを追加し滑らかにした後、紙部分と結合します。1つの本が完成したところで、このサブツールを複製し3段配置して完成です（図7-107）。

図7-107　台座の完成

非常に長い章になりましたが、これでモデリングは完成です（Sample Data：Ch07_02.zip）。図7-108はここまでの完成モデルです。

図7-108　モデリングの完成

まとめ

ここまで長い道のりでしたが、これでモデリングは完成になります。完成といっても次の日になってデータを開くと気になる箇所を見つけてしまうことはよくあることです。サブディビジョンレベルが残っていてローポリモデルに戻せるのであればポーズの修正・髪の毛の修正・全体のバランスの修正など多くのことが可能です。時間があれば随時修正していってください。どう修正すれば良くなるか、その違和感に気づくことが大切です。

また本書ではZBrushの隅から隅までの機能や高い難易度のテクニックを紹介するのではなく、あくまで3DCGやZBrushが初めての方でもわかりやすいようにある程度機能を絞って書かせてもらいました。筆者もすべて把握しているわけではありませんが、ZBrushにはここで紹介しきれなかった便利な機能やテクニックがまだまだ存在しています。ここまで読み進めてこられた方であれば基本的な機能は習得できたと思いますので、機能についての詳細や高度なテクニック・応用などはSNSなどから情報を拾うことができると思います。YouTubeなどで動画を公開している方も多くいますので調べてみるのもよいでしょう。

chapter 8

出力データ作成

一通り作り終えたら出力まではもう一息です。ここではフルカラー石膏での出力を目標にポリペイントでの着彩作業を行っていきます。ただし、アクリルやクリアレジン等の着彩を必要としない素材での出力を考えている場合は、このあとのポリペイントの作業をスキップして「8-2出力用データの作成」から進めていただくこともできます。

【習得内容】
・ポリペイントで陰影をつける
・出力用データの作成方法

【習得機能】
　［デシメーションマスター］
　　ポリペイントを保持／プリプロセス

　［3Dプリントハブ］
　　サイズの計測／サイズの変更／出力設定

Chapter 8 出力データ作成

8-1 ポリペイント

それではさっそくポリペイントを使ってキャラクターに色を塗っていきましょう。ここでは髪部分を例に解説していきます。パーツごとに単色で塗りつぶしていくこともできますが、少しだけ陰影を描き込むことでより立体感を表現することができます。

8-1-1 ダークカラーのペイント

まずはメインカラーをベースとなる色に設定し、[カラー→FillObject]でベースカラー単色で塗りつぶします（図8-1左）。
その後Paintブラシを使って陰になる部分（溝・凹み・裏側など）を少し暗い色で描いていきます（図8-1右）。多少はみ出しても気にせず塗っていきましょう。ポリペイントの詳細は「3-3 顔のペイント」「3-7-11 ポリペイントを描き込む」を参照してください。

図8-1　ダークカラーのペイント

8-1-2 ダークカラーを整える

初めに塗りつぶしたベースカラーを選択したら、先ほど塗った溝部分は残しつつ凸面部分などにはみ出してしまったダークカラーの上から塗っていきます。また［RGB］をオフにしたSmoothブラシを併用して、はみ出したポリペイントにスムースをかけてを馴染ませるのも良いでしょう（図8-2）。

図8-2　ダークカラーを整える

8-1-3 ライトカラー・ハイライトのペイント

今度は明るい色を塗っていきます。初めに塗ったベースカラーよりも明るい色に設定し、頭頂部周辺や凸面を中心に光の当たる部分を意識しながら塗っていきます（図8-3左）。そして最後に白色でハイライトを描き加えます（図8-3右）。

図8-3　ライトカラー・ハイライトのペイント

前髪についても同様に、「ベースカラーで塗りつぶし」→「ダークカラー」→「ライトカラー」→「ハイライト」の流れでペイントしていきます。まずはブラシを使ってシワなどの部分を塗っていきましょう。
光沢のない肌や服などは「ベースカラー」→「ダークカラー」までででも十分です。肌部分は顔にかかる前髪の影、あご下と首元部分、袖口の影部分にダークカラーをペイントしました。
服については各シワの陰、スカートの裏、フリルの内側にダークカラーをペイントします。その際、ダークカラーを彩度のない「グレー」にしてしまうと薄汚れた印象になってしまうため、ここでは「薄い水色」を入れるようにします。また、温かいイメージにしたい場合は「薄い黄色」や「薄い赤」など少しでも色を入れたほうが見栄えが良くなります。

図8-4は上記のペイントを終えた状態の参考画像です。メカ部分やエプロンの凹みの着彩については「ポリグループ」を利用するため、このあと簡単に解説していきます。

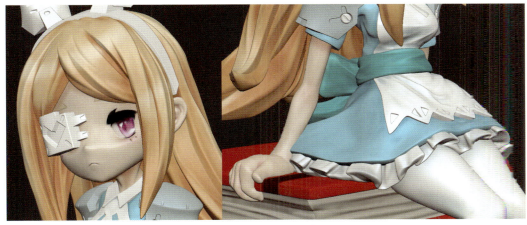

図8-4　各部のペイント

Chapter 8 出力データ作成

8-1-4 凹み部分のペイント

メカ部分やエプロンの凹みに色を入れていきます。これらのパーツの凹み部分はブーリアンで作成しているので、すでにポリグループが分かれているはずです。ここまでの作業で習得したポリグループの表示切り替えを使えば、凹み部分のみにペイントすることができます。

ポリグループを利用してペイントしたい箇所のみを表示してから[FillObject]、またはPaintブラシにポリグループマスクを設定してポリグループごとにペイントしていきます（図8-5）。カチューシャや眼帯などの凹みも同じ方法でペイントできます。

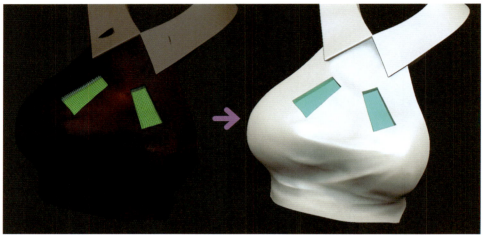

図8-5　ポリグループを利用して凹部分をペイント

図8-6は全体を着彩し終わった状態の参考画像になります（Sample Data : Ch08_01.zpr）。図ではポリペイントを見やすくするため[フラット表示]にしていますが、この状態でも立体感が出るようにペイントするとより完成度が増します。

図8-6　フラット表示にしたポリペイント参考

8-2 出力用データの作成

出力する前にポリゴン数を減らしてデータを最適化し、出力するサイズを設定しておく必要があります。

8-2-1 デシメーションマスターを使ったリダクション

「リダクション」とはポリゴン数を削減してデータを軽くしていくことです。ZBrushでは[デシメーションマスター]という機能を使うと自動でポリゴン数を削減することができます。

まずはリダクションするサブツールを選択し、[Zプラグイン→デシメーションマスター]を開いて以下の手順を実行します。図8-7は、前髪のサブツールでこれを行った例です。

❶[ポリペイントを使用／保持]をオンに設定(フルカラー出力の場合)
❷[現在のサブツールをプリプロセス]をクリック(これにより事前計算が行われます)
❸[デシメーションの％]で削減する割合を設定
❹[現在のサブツールをデシメート]をクリックして実行

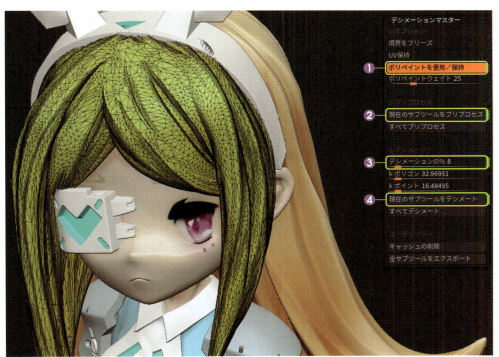

図8-7 デシメーションマスターの使い方

これによりポリペイントと形状を保ったまま自動でポリゴン数を減らしてくれます。[すべてをプリプロセス][すべてデシメート]を使えば全サブツールに実行されますが、事前計算が非常に重く動作が安定しないため1つずつ実行していく方法をおすすめします。

また[デシメーションの％]の値ですが、とりあえず1で実行し、ポリゴンが減りすぎて形状が壊れてしまった場合は2→4→8と少しずつ上げていくと良いです。次の図は値が低すぎて角が崩れてしまった例と(図8-8左)、表面がカクカクになってしまった例です(図8-8右)。

Chapter 8 出力データ作成

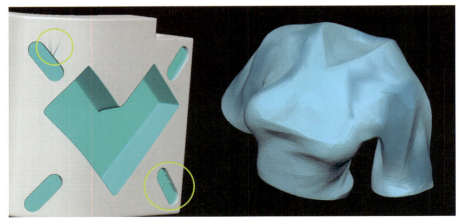

図8-8 デシメーションの%が低すぎた例

すべてのサブツールを1つずつリダクションしていきましょう。
ポリペイントが壊れてさえいなければ、拡大して多少カクカクが見える程度は問題ありません。データが重すぎると出力依頼できない場合もあります。またZリメッシュを使ったポリゴン数削減では、形状が崩れてしまうためここでは使用しないようにしましょう。

8-2-2 3Dプリントハブを使ったサイズ設定

次に[Zプラグイン→3Dプリントハブ]を使って出力サイズを設定していきます。出力するサブツールをすべて表示し、次の手順を行います(図8-9)。

❶ [Zプラグイン→3Dプリントハブ→サイズオプション→選択サブツールのサイズを使用]をオフにする
❷ [Zプラグイン→3Dプリントハブ→エクスポートオプション→表示のみ]に変更する
❸ [Zプラグイン→3Dプリントハブ→サイズ比率の更新]で現モデルのサイズを測定

図8-9 3Dプリントハブを使ったサイズ計測

[サイズ比率の更新]をクリックすると図8-10のようなメッセージが表示されます。これは「今のキャラクターのX, Y, Zが8.74, 11.65, 7.27だけど、この数値をインチもしくはミリメートルどちらにしますか？」というメッセージです。ミリメートルに設定するには右側上段をクリックします。

図8-10　インチ／ミリメートルの設定

これで[3Dプリントハブ]内にあるX、Y、Zの値が更新されます。X＝横幅、Y＝高さ、Z＝奥行を表していて、だいたい高さ1cmほどのモデルになっていることがわかります（図8-11）。

図8-11　ミリメートルに設定

8-2-3 データ出力

[Zプラグイン→3Dプリントハブ]内にある[X][Y][Z]に出力したいサイズを入力し、[VRMLへエクスポート]でフルカラー石膏出力に対応したデータへ変換することができます。また、アクリルやクリアレジンなどのカラー情報を必要としない素材で出力する場合は、すぐ上の[STLへエクスポート]を使用します。詳しくはこの後の「Tips：出力形式について」を参照してください。

ここでは[Y]（高さ）を100mmと入力してEnterキーで決定し、[エクスポートオプション→それぞれファイルへエクスポート]をオフにします（ここをオフにしないとサブツールごとに出力データが作成されてしまいます）。

設定が終わったら[VRMLへエクスポート]を押して出力データを作成しましょう（図8-12）。

図8-12　サイズを指定してVRML形式でエクスポート

Chapter 8 出力データ作成

Tips 出力形式について

ここまでフルカラー石膏での出力をメインに解説してきましたが、今回作成したモデルデータは、「単色素材」での出力も可能となっています。フルカラー石膏などカラー情報を含める素材の場合は「VRML形式」を用いますが、特にカラー情報が必要ない素材であれば「STL形式」を使用します。

「STL形式」を使用する際の注意点として、今回の作例のようにパーツ同士が重なっている箇所があるとうまく出力することができません。この対処法としては、各サブツールをデシメーションマスターでポリゴン数を減らしたあと、すべての出力パーツ（サブツール）を[LiveBoolean]を使って一つのメッシュに結合する必要があります。その際、サブツールのアイコンを[加算]に設定し、[LiveBoolean]をオンにした後[ブーリアンメッシュ作成]を実行すると表示されているサブツールを結合することができます（図8-13）。詳しい手順は「7-6-2 ブーリアン演算」をご参照ください。

図8-13 出力パーツをブーリアンで結合する

Tips 出力サイズについて

出力してみてはじめて気づくことですが、たいていの場合、モニターで見て感じるサイズ感と実際手に取って感じるサイズ感にはズレがあります（個人的な見解ですが、立体のほうが奥行がある分大きく感じます）。高い金額を払って出力したのにイメージしていたサイズと違った・・・ということのないようにサイズについては慎重に決定していきましょう。

本出力を行う前に、家庭用の3Dプリンターなどで仮出力をしてサイズ感を確かめることができればベターです。今回の作例制作では知人の方に協力をいただきForm2という3Dプリンターで仮出力してもらいました（図8-14）。3Dプリンター自体は安くはありませんが、このように気軽にサイズの確認ができることは大きなメリットです。主にサイズ確認のための仮出力であれば、プリンターの精度もそこまで必要ありませんし素材もなんでも構いません。

また、上記の方法が難しい場合にはドキュメント上でモデルを実寸に拡縮し、実際にモニターに定規を当てて確認する方法もあります（図8-15）。この方法であれば3Dプリンターを導入する必要もありませんが、平面で見るのと立体で見るのとでは大きさの印象が変わってきてしまうのであくまで参考までにしましょう。

図8-14 Form2で出力したクリアレジンモデル

図8-15 実際のモニターに定規をあてて大きさを測る

8-3 出力サービス

出力用のデータができたら3Dプリントサービスを行っている業者に出力を依頼してみましょう。筆者がよく利用するサービスをいくつか紹介します（※以下の解説は本書執筆時点（2018年2月）の情報および筆者個人の感想を含んでいるため、参考程度にお読みください）。

■ DMM.make
http://make.dmm.com/print/

データのアップロードから素材の選択、見積もりから出力依頼、支払いまでウェブサイト上で完結できるので気軽に注文することができます。
出力方法もフルカラー石膏・フルカラープラスチック・光造形樹脂・アクリルなど多くの素材から選択することができます。
セルフサービスに近く、データに不備があった場合などの修復などもすべて自己判断、修正する必要がありますが、困ったときはサポートに連絡することで丁寧に対応してもらえます。
またこちらのサービスを利用するには会員登録が必要です。

■ アイジェット
http://ijet.co.jp/

DMM.makeと同様、多くの素材での出力サービスを行っています。見積もりおよび出力依頼などは担当者とメールで行いますが、その分データに不備があった場合など丁寧にサポートしてくれます。

■ 東京リスマチック
http://www.lithmatic.net/3dprinter/

オンライン入稿後は担当者とメールでやり取りします。ここでデータの修復やチェックなどを行ってくれるので（※別料金です）、自信がない場合でも安心して依頼することができます。また納期に余裕がある場合はその期間に応じて割引されるコースや、割り増し料金で急ぎで出力してもらえるコースもあります。

今回はDMM.makeの「フルカラー石膏出力」で出力依頼し、金額はおおよそ1万円ちょっとでした。
髪の毛など陰影やハイライトの描き込みをした結果、いい感じの立体感が出たと思います。ディテールに関しては多少甘くなったり、単色部分に一部ライン状のムラが出てしまった箇所もありますが、ガレージキットと違ってパーツ分割も必要なく、出力後に複製や組み立て、塗装の必要のない気軽さが魅力です。
出力代は決して安い金額ではありませんが、ここまで苦労して作ってきたデータがこうして手元に残ることはかけがえのない体験になると思います。

Chapter 8 出力データ作成

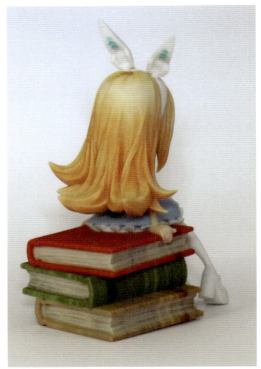

まとめ

最後までデータを作成できたら、できれば出力して立体物として手に取ってみてください。自分で苦労して作ったものが立体として目の前にあることは、なかなか味わうことのできない達成感があると思います。

また実物を手に取って見ることで「ここは良くできた」とか、「あまりうまくいってなかった」といったモニター上とは違った発見があるはずです。その発見を次の作品に活かしていきましょう。次作るときは1体目よりはるかに早く、そしてつまずいていた箇所も思ったより簡単にできるはずです。それは自身がレベルアップした証になります。気がついたらZBrushが楽しくなっているはずです。さらに2体目、3体目と作る過程で作品もどんどん良くなっていくと思います。

そのスパイラルに慣れるまで、本書が少しでも助力になることができれば幸いです。またどこかに書きましたが、ZBrushは決まったものを正確に作るよりも創造しながら自由にモデリングするほうが向いているソフトな気がします。デザインするのに絵が描けなくても大丈夫です。3D空間上で自由に創造しながらオリジナルキャラクターや造形物を作成することに挑戦してみてください！

ギャラリー
Gallery

41式試作型-シア-
使用ソフト：ZBrush、Keyshot

21式選抜射手 -セシナ-
使用ソフト：ZBrush、Keyshot

造形イベント
「WonderFestival2017Winter」にて
販売したセシナの展示参考モデル

造形イベント「WonderFestival2017Winter」にて販売したシア、セシナのカラーバリエーション

21式選抜射手 - セシナ - グレーモデル
使用ソフト：ZBrush、Keyshot

第34期ワンダーショウケース　プレゼンデーション作品　「試作型41式-シア- Ver.AS」

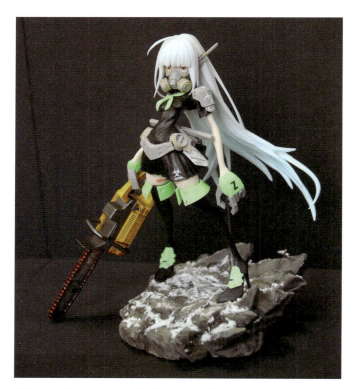
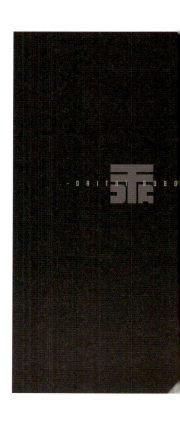

造形イベント「WonderFestival2017Winter」にて販売したシアの展示参考モデル

携行型火焔放射器「Nads9」
使用ソフト：ZBrush、Keyshot

26式火焔放射工兵 - コノ - グレーモデル
使用ソフト：ZBrush、Keyshot

造形イベント
「WonderFestival2017
Summer」にて販売した
コノの展示参考モデル

26式火焔放射工兵-コノ-
使用ソフト：ZBrush、Keyshot

索引
Index

数字
3Dプリンター ··································· 256
3Dプリントハブ ······························ 254

C
ClayBuildupブラシ ··· 24, 25, 26, 68, 81, 109
Clayブラシ ···························· 24, 25, 46, 109

D
DamStandardブラシ ································· 82
DTR_Cloth_Hブラシ ·························· 210, 211
DTR_Cloth_Sブラシ ········· 210, 217, 221, 223
DTR_Clothブラシ ···211, 217, 221, 223, 231
DTR_Frillブラシ ································· 227
DTR_Hairブラシ ············ 196, 201, 202, 206

E
EDGE ACTIONS→クリース ········· 134, 135, 136, 227
EDGE ACTIONS→削除 ····························· 101
EDGE ACTIONS→スライド ··· 103, 140, 148
EDGE ACTIONS→挿入 ··· 102, 136, 156, 245
EDGE ACTIONS→閉じる ······ 131, 147, 169
EDGE ACTIONS→トランスポーズ ···133, 142
EDGE ACTIONS→ブリッジ ············ 167, 169
EDGE ACTIONS→ポリグループ適用 ······ 243
Editモード ··· 30

F
FillObject ··· 53

H
hPolishブラシ ····························· 213, 234

I
IMM ModelKitブラシ ······························ 241
IMMビュワー ·· 200
IMMブラシ ·· 196
Inflatブラシ ································· 110, 234

L
Lasso ·· 184
LiveBoolean ····················· 236, 239, 256

M
MaskBetaブラシ ···································· 237
MaskLassoブラシ ··································· 43
MaskPenブラシ ································ 42, 47
MatCap Gray ·· 32
MODIFIERS→特定密度 ················ 115, 156
Moveブラシ ··· 26, 37, 40, 68, 82, 110, 126

P
Paintブラシ ······························ 53, 83, 250
PGクリース ··· 77
Pinchブラシ ·· 82
POINT ACTION→スプリット ········ 144, 157
POINT ACTION→スライド ··········· 137, 165
POINT ACTION→接続 ···················· 163, 230
PolyCube ······································ 113, 226
POLYGON ACTIONS→Qメッシュ ····· 46, 155, 244
POLYGON ACTIONS→インセット ······· 154
POLYGON ACTIONS→押し出し ··· 113, 124, 146, 152, 165, 235
POLYGON ACTIONS→削除 ····················· 131
POLYGON ACTIONS→スケール ···· 148, 225
POLYGON ACTIONS→トランスポーズ ·· 117
PolyMesh3D ································· 99, 113
PolyPlane ···································· 138, 226

Q
Quick Pick ·· 33

R
Rect ·· 184
RGBボタン ······································ 67, 74

S
SkinShade4 ·· 32
Smoothブラシ ··········· 11, 81, 84, 109, 214
SnakeHookブラシ ················ 67, 126, 218
sPolishブラシ ························ 46, 74, 214
Standard Materials ···························· 33
Standardブラシ ······························ 24, 30
STL形式 ·· 256

T
TARGET→エッジ ··························· 135, 140
TARGET→完全エッジループ ······ 101, 103, 133, 135
TARGET→全てのポリゴン ··········· 133, 139
TARGET→単一エッジループ ················ 102
TARGET→単一ポリゴン ························ 116
TARGET→複数エッジループ ········ 115, 156
TARGET→ポリアイランド ············ 145, 148
TARGET→ポリグループ全て ··············· 145
TrimDynamicブラシ ············· 27, 68, 213
Tポーズ|サブT ··························· 182, 192
Tポーズメッシュ ···························· 182, 189

V
VRML形式 ··· 255
VRMLへエクスポート ························· 255

Z
Zadd ·· 84

Index 索引

ZModeler	100
ZSphere	88
Z 強度	21, 22, 46
Z リメッシュ	76, 131, 159, 219, 220, 224

ア行

アダプティブスキン作成	97
アンドゥ	15
アンドゥ履歴	15, 20
移動	64
移動モード	64, 89
ウェイト付きブラシ設定	70
エッジ	100

カ行

カーブ	197, 198, 199, 228
カーブフォールオフ	202
回転	65, 235
影の表示	41
加算	256
カスタムブラシ	210
画像調整モード	60
カメラのリセット	14
カラーチャート	28, 53
カラーのスポイト	28, 53
カラーの反転	28, 53
ギズモ 3D	64
鏡面化結合	17
クイックセーブ	51
クリースエッジ（フレームメッシュ）	228
グループ分割	150, 203
グループ保持	76
形状変換	113
現在のサブツールをデシメート	253
現在のサブツールをプリプロセス	253
高レベル削除	124, 197
コピー	98, 237

サ行

サイズ比率の更新	254
削除時警告	16
サブカラー	28, 53
サブツール	63
サブツールの順序変更	160
サブツールの追加	63, 88
サブツールの非表示	172
サブツールの表示	172
サブツールの複製	76, 197
サブツールを全て削除	99
サブディビジョン	75, 107
サブディビジョンレベル	79, 108, 216
サブパレット	7
差分	236
シェルフ	3
シェル分割	125
下と結合	160
視点の移動	12
視点の回転	12
視点の傾き	13
視点のズームアウト	13
視点のズームイン	13
自動グループ	173, 177, 203
視野角	66
焦点移動	21, 22
シンメトリ	16, 161
垂直オフセット	35
水平オフセット	35
スカルプト	11
スカルプトの反転	11, 211
スクリーン移動	64
スクリーン回転	65
スケール	65
スケール（2 軸）	180
スケールモード	92
スナップ	203
すべてデジメート	253
全て投影	78
すべてをプリプロセス	253
スポットライト	58, 62
スポットライトへ追加ボタン	58
スポットライトをピン	62
スムースブラシ設定	70
選択サブツールのサイズを使用	254
素体	88
それぞれファイルへエクスポート	255
ソロモード	88

タ行

ダイナミックサブディビジョン	103, 166
ダイナメッシュ	39, 67, 75, 212
ダイナメッシュの解像度	49, 213
ダイミックサブディビジョンの適用	107
タイムライン	55
ダイヤル	59
単一サブパレットのみ開く	7
頂点	100
直線	237
ツール	99